宮島沼LOVE!

ラムサール登録20年を越えて

宮島沼水鳥・湿地センター 編著

夜明けの空へ一斉に羽ばたくマガンの群れ－2021年4月23日午前4時15分 宮島沼

はじめに

藤巻裕蔵（宮島沼の会会長）

宮島沼がラムサール条約登録湿地に指定されて20年が経過しました。最近は、春と秋のマガンの渡りの中継地として、北海道だけでなく全国にも宮島沼の名が知られるようになっています。

かつてこの沼では、秋の狩猟期にカモ猟が行われていました。この頃にもマガンは渡りの時期に飛来していましたが、警戒心がとても強く、水田で採餌している群れに200mくらいまで近づくと、餌をついばむのをやめて頭を上げて警戒するほどでした。夕方になると西へ向かって飛び立ち、石狩川上空を横断し、当別を越えて厚田の沖合まで飛び、海上をねぐらとしていました。

ところが、オオハクチョウが鉛の散弾を飲み込んで鉛中毒で死ぬという事件が1989年に起こります。これが社会問題となり、沼での狩猟を自粛する

ようになってしばらくしてから、渡り鳥たちは宮島沼をねぐらにするようになりました。沼が安全地帯だと分かったからでしょう。宮島沼は、「狩猟ができる沼」からラムサール条約登録湿地の沼になったのです。

　マガンや、宮島沼とその周辺の自然を調査・保護する活動は、マガンに関心をもつ有志によって、ラムサール条約に登録される前から行われていました。その成果の一つは「みんなでマガンを数える会25周年記念誌」（2012年）にまとめられています。

　今回の本では、自然を守る活動の歩みのほか、マガンを中心とする動植物の最新情報がまとめられており、ガイドブックとしても役に立つとおもいます。

　本書が、宮島沼とその周辺の自然やマガンについて多くのことを知り、これらの自然を守ることの大切さをより深く理解するきっかけになれば幸いです。

目次

第3章　つながる自然、育む未来

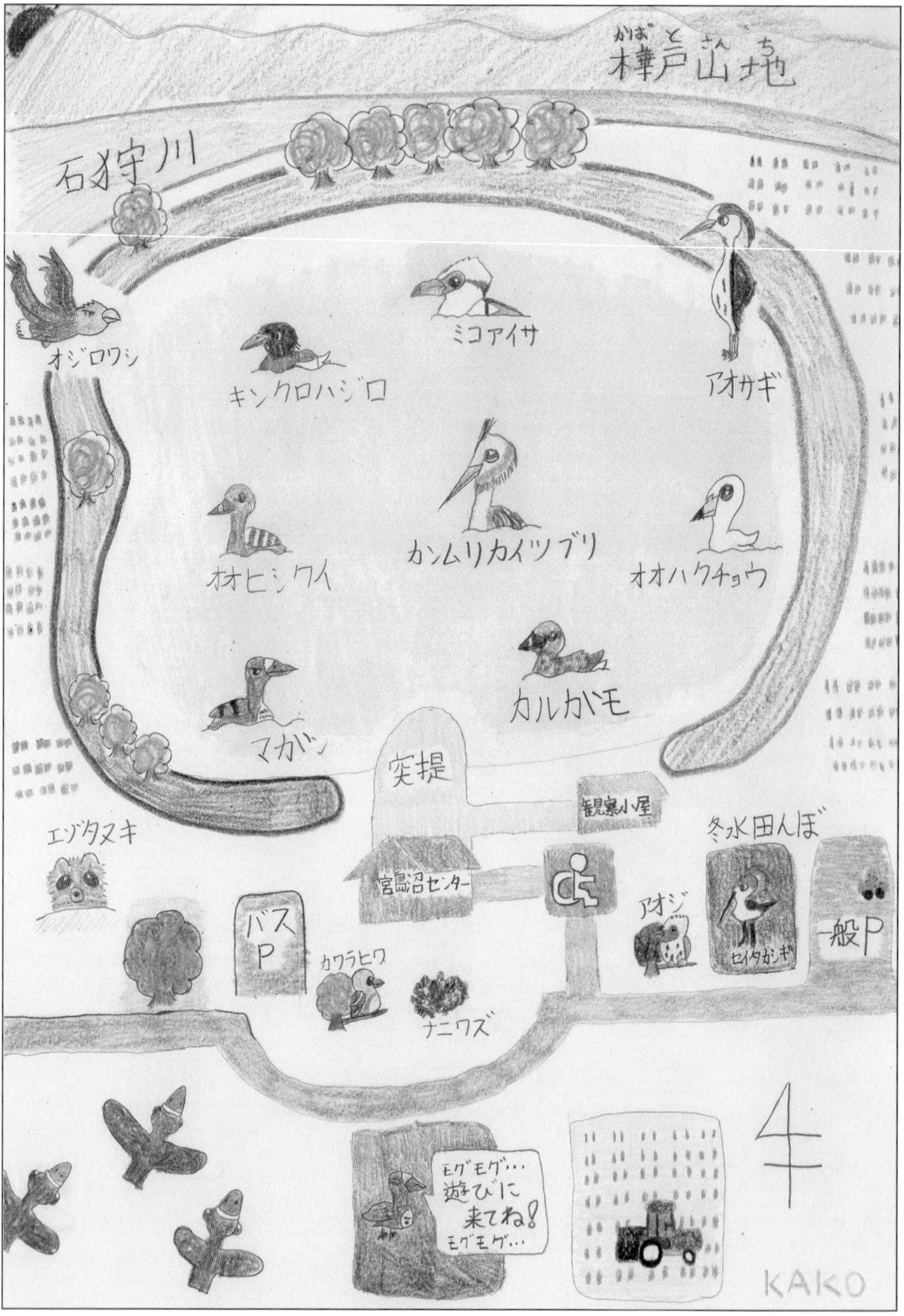

宮島沼で活動する小中高生グループ「自然戦隊マガレンジャー」長田佳子さん作成のMAP。「宮島沼にたくさんの生き物がいることを知ってもらうためにつくりました」

第1章

宮島沼の自然と四季

牛山克巳（宮島沼水鳥・湿地センター）

沼開け間近

宮島沼の四季

春

宮島沼とその周辺がまだ厚く雪に覆われている3月上旬、マガンの偵察隊が冬の終わりを告げるかのようにやってきます。田んぼの畦《あぜ》が見えるようになるといち早くヒバリがさえずり、少しだけ顔をのぞかせた沼の水面にはオオハクチョウやアオサギが入るようになります。

周辺の田んぼの雪解けが進むとマガンやコハクチョウの大群が押し寄せ、沼が解氷する「沼開け」の頃がコハクチョウのピークです。コハクチョウは雪解けを追うように北上を続けますが、代わりにマガンが宮島沼に集結し、4月下旬には7~8万羽のマガンが沼を埋め尽くします。

5月初旬、マガンが繁殖地であるロシアに旅立ち、冬眠から目覚めたアマガエルが鳴くと田んぼに水が入り、辺り一帯は湿地に生まれ変わります。

マガンの偵察隊

ねぐら入り

コハクチョウのピーク

マガン最盛期の沼

雪解けの田んぼに集まる

キタコブシとマガン

LOVEコメント **鳥、マガンのことを知るきっかけになりました。もっとたくさん鳥を見たい。／A.K.　札幌市　10代**

菜の花畑

夏

6月、ヨシの新緑がまぶしい宮島沼では草原性の小鳥たちが子育てで大忙し。子ギツネがあくびをする防風林の林床には、かつての湿原の生き残りであるゼンテイカやカキツバタが咲き誇ります。

カンムリカイツブリの雛が育って親鳥の背中に収まらなくなる頃、田んぼではノシメトンボが続々と羽化し、麦畑が黄金色に染まります。沼のヒシが開花する中、片隅でイヌタヌキモが花を咲かせ、ミンミンゼミがなく頃には子育てを終えた夏鳥たちの姿も見えなくなります。

8月の終わり、コガモが早々に到着し、稲穂が頭を下げ始めると、北海道の短い夏が過ぎていきます。

麦秋

キタキツネの親子

コヨシキリのさえずり

アカトンボの羽化

防風林のゼンテイカ

防風林のカキツバタ

イヌタヌキモ

LOVEコメント 散策路があるとうれしいです。鳥が逃げてしまうのでしょうか。／K.M.　札幌市北区　40代

ヨシの穂

秋

9月中旬、晴れ渡った秋空から懐かしい声が聞こえてきます。すぐに姿は見えませんが、やがて空高くからふわりふわりと下降してくるマガンの姿が見えます。初雁です。周辺の稲刈りが進むとマガンはどんどん増え、田んぼに残された新米の落ち籾《もみ》を食べて長旅の疲れを癒やします。

秋はカモたちで沼がにぎわいます。到着したての頃はオスもまだ地味なエクリプス羽ですが、秋が深まると徐々にパートナーを惹《ひ》き付ける生殖羽に変わります。木々が色づき、雪虫が飛び始める頃にはコハクチョウが次々と南下。樺戸の山に雪が積もり、カワアイサがやってくると、季節は冬に向かいます。

収穫進む田んぼとマガン

初冠雪

中秋の名月

オナガガモ

コガモ

LOVE コメント　宮島沼の活動に対して支援する方法を教えてほしい。／石塚肇　札幌市　60代

凍てつく宮島沼

冬

12月、宮島沼に氷が張るようになると、その上に根雪が積もり、沼は褥《しとね》に入ります。何もない静寂の沼。周辺の木々にはアカゲラやエナガ(亜種シマエナガ)が動き回り、ノスリがエゾヤチネズミを狙っている姿を見ることができます。

雪上には点々とキタキツネ、エゾタヌキ、エゾユキウサギの足跡。一寸の先も見えない猛吹雪の翌日には、見渡す限りの雪原に風雪紋が刻まれ、キツネなどが押し固めた足跡が風に削り出されて浮き上がります。

厳冬期には樹氷が木々に花を咲かせ、零下10度を下回る中でも、日々伸びてゆく日に少しずつ春の気配も感じます。「堅雪かんこ、凍み雪しんこ」の3月上旬、沼の上を散歩していると上空をマガンの先遣隊が……。宮島沼の一年は、生き物たちのリレーで過ぎていきます。

樹氷

ノスリ

風雪紋

浮き上がる足跡

雪原の宮島沼

LOVEコメント ぜんぶきれいなところ／ことは 6さい

白い額とお腹の縞模様が特徴

マガンとハクチョウ

マガン

体重2～3kg、嘴《くちばし》から尾の先まで70～80cm、翼を広げると140～150cmになる大型の水鳥です。全体的に栗色で地味な色合いをしていますが、オレンジ色の嘴の付け根に白色部があり、白いお腹に黒い縞模様があるのが特徴です。お腹の模様からアメリカではスペックル・ベリー（斑点お腹）と呼ばれ、特徴的な鳴き声からラッフィング・グース（笑う雁）の異名も持ちます。

宮島沼では秋と春に飛来する渡り鳥で、最大飛来数は7～8万羽になります。マガンは大きな群れの中でも基本的に家族単位で行動します。秋には夏に産まれたばかりの幼鳥がいる家族が目立ちますが、幼鳥は成鳥より一回り小さく、嘴の付け根の白色部とお腹の縞模様がまだありません。幼鳥の頭部

親鳥2羽と幼鳥4羽の家族

周囲を警戒するお父さんマガン

韓国の雁の置物

の白色部は冬から発達し、お腹の縞模様は翌年の夏から発達します。

マガンは3歳を過ぎる頃からペアを形成しますが、ペアはどちらかが死なない限り生涯を連れ添います。このことから、韓国では一対の木彫りの雁が婚礼の儀式に使われています。マガンのオスメスは外見で見分けることができません。カモは毎年のようにペアを変えるので、オスはメスにもてようと派手な色合いをしていますが、マガンの場合はそのような必要がないからです。ただ、マガンはオスのほうが少し大きく、家族を守るために首をあげて周囲を見張る警戒行動をよくとります。

上:幼鳥　下:成鳥

LOVE コメント　良い鳥見ができる場所として、ずっとあってほしい。／M.K.　札幌市　40代

飛来の最盛期

2023年10月、小学校3年生で初めて来てたくさんの出会いがありました。中でも列になって数十羽から数百羽のむれを作って、夕ぐれ時にとんでいるのがとてもきれい。美しくて、心にのこる日になりました。来年も来たいです。とても楽しかったです。／生き物LOVE 星人 I.L.S　札幌市　10代

LOVEコメント

コハクチョウ

ハクチョウ

宮島沼にはオオハクチョウとコハクチョウの2種類のハクチョウが飛来します。コハクチョウは体重7～8kg程度ですが、オオハクチョウは10～12kgにもなります。最も見分けやすいのは嘴の模様で、オオハクチョウでは黄色い模様が鼻孔の先まで鋭角に伸びるのに対し、コハクチョウでは小さく、丸みがあって、鼻孔を越えません。亜種アメリカコハクチョウは黄色部が極端に小さく、宮島沼でも時々観察できます。

両種は宮島沼での生活も異なります。オオハクチョウは一日中沼にいて、水中のマコモの根茎などを食べて過ごすのに対し、コハクチョウは日中周辺の田んぼで落ち籾などを食べます。生態の違いは体のつくりに現れていて、オオハクチョウは水中の食物を探しやすいように嘴と首が長くすらりとしていて、コハクチョウは地上の食物を採りやすいように短くがっしりとしています。亜種オオヒシクイと亜種ヒ

コハクチョウ

オオハクチョウ

シクイも同様な関係と言えます。

田んぼで採食するコハクチョウ

マコモの根茎を食べるオオハクチョウ

亜種アメリカコハクチョウ

コブハクチョウ（2008年4月）

LOVEコメント 秋に観察したマガンの群れと虹のコラボ最高でした！　いつまでもこんな素敵なところ守っていきたいな。／A.U.　札幌市　40代

編隊飛行中のコハクチョウ

編隊飛行と落雁

マガンもハクチョウも編隊を組んで飛びます。これは、前を飛ぶ鳥の羽ばたきがつくる上昇気流に後続する鳥が乗ることにより、飛ぶためのエネルギーが1割程度削減できるからです。より小さいカモ類では羽ばたきも速く、上昇気流が小さくて乗りにくいので編隊はつくりません。

先頭を飛ぶ鳥は上昇気流の恩恵がありません。マガンでは採食地に向かう際など短距離の飛行では先頭を入れ替えるのを見かけますが、長距離の渡りの際には必ず親鳥が先導し、特に父親がよく群れを引っ張ることが確かめられています。

マガンはねぐら入りする際にひらひらと舞い降りることがあります。これを「落雁」といいます。よく見ると、頭部は平行を保ちながら、体だけを左右にねじっているのがわかります。こうして急下降することにより、天敵であるワシなどに襲われにくく

ハクチョウの渡り時の編隊

しているのかもしれません。
ハクチョウは落雁をしません。天敵がいないからなのか、あるいは単に体の小回りがきかないからなのでしょうか。

体をひねって高度と速度を落とす

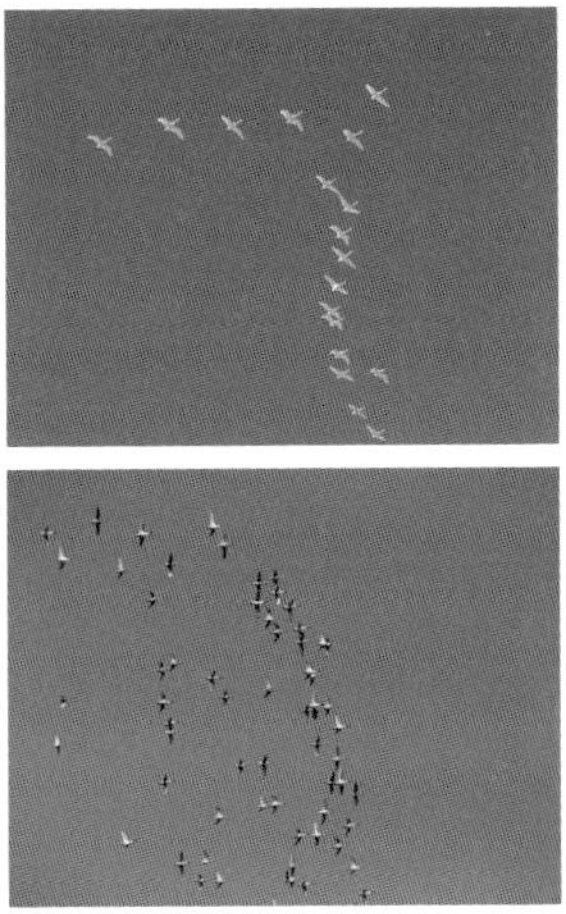
(上)コハクチョウの編隊(下)オナガガモの群れ

LOVEコメント　また今年も来ました。マガン行ってしまったのですね。いつまでも宮島沼が残っていますように。／千歳市　60代

亜種オオヒシクイ

シジュウカラガン

亜種ヒシクイ

ハクガン

カリガネ

サカツラガン

コクガン

亜種ヒメシジュウカラガン

北海道のガン類６種＋α

北海道に定期的に飛来するガンの仲間は６種類いて、マガンに次いで飛来数が多いのはヒシクイです。ヒシクイには、首と嘴がすらりと長く、ハクチョウのような体形をした亜種オオヒシクイと、ずんぐりした体型で、嘴も短くがっしりとしている亜種ヒシクイの二つの亜種がいます。亜種オオヒシクイはサロベツ原野や十勝川下流域に多く飛来し、亜種ヒシクイはオホーツク海沿岸部に多く飛来します。

シジュウカラガンとハクガンは、少し前まで希少なガンでしたが、最近になって急速に増えてきており、いずれも十勝川下流域で多く見られます。カリガネは今でも世界的に希少なガンで、サロベツ原野に最も多く飛来しています。コクガンは沿岸域で海草を主に食べるガンで、初冬の野付湾に大群が見られます。

この他道内で確認されたことのあるガンとしては、サカツラガンが数年に１回程度観察されており、ミカドガン、ハイイロガン、インドガンが迷鳥、あるいは籠《かご》脱け（ペットとして持ち込まれた外来種が野生化すること）として記録されています。また、マガンとシジュウカラガン、マガンとヒシクイなどの交雑個体を見ることもあります。（牛山）

ガンの交雑個体

渡り途中のタカブシギ

四季の鳥類

春の鳥

春の野鳥は宮島沼とその周辺で134種確認されていますが、よく見られるのは50種ほどで、特に4月下旬に多くの種類の鳥が見られます。

湖面にはマガンとハクチョウ類はもちろん、多くの種類の水鳥が観察できます。マガンの次に多いガン類はヒシクイで、多くは亜種オオヒシクイですが、亜種ヒシクイも混じることがあります。数は多くありませんが、シジュウカラガン、ハクガン、カリガネも定期的に訪れます。よく見れば、カモ類でも少数派のヨシガモ、トモエガモ、シマアジなどを見つけることができるでしょう。

周辺の林やヨシ原では、季節とともに小鳥が増えていきます。早いのはオオジュリン、カワラヒワ、ベニマシコなどで、キタコブシの花が咲くころにアリス

マガンを狙う3羽のオジロワシ

(上)氷上を飛ぶオオヒシクイ(下)湖面に集まるワシ

イ、アオジ、ウグイス、ノビタキなどが鳴き始めます。
猛禽類では、特に春先にオジロワシが多く見られ、オオワシとあわせて数十羽になることもあります。宮島沼に氷が残る間は、その上に乗って浮いてくるフナなどの魚を食べていますが、時にはマガンを狩るダイナミックな光景をみることもできます。

ベニマシコ

オオジュリン

アオジ

アリスイ

オオタカ

ノビタキ

LOVEコメント 今のセンターが建ったばかりの頃、朝、入口で「マガンの宿泊観察会がある」ことを教えてくださった男性がいました。長いつき合いになりました。沼が小さくなることなく存続しますように。／M.N.　北広島市　70代

カンムリカイツブリの浮巣

夏の鳥

5月になると、周辺の林やヨシ原にオオヨシキリ、コヨシキリ、カッコウなどが順番に渡ってきます。エゾセンニュウがやってくると、夏に繁殖する鳥が勢ぞろいします。6月はそこかしこで縄張りを宣言する小鳥が囀《さえず》るにぎやかな季節になります。

湖面は、何らかの理由で渡れなかったマガンやハクチョウの居残り組と、宮島沼で繁殖する少数のカルガモとカイツブリがいる他はさびしくなりますが、2018年からカンムリカイツブリとオオバンが繁殖するようになりました。カンムリカイツブリは6月に浮き巣を作って抱卵を始め、7月になれば小さな雛を背中に乗せた親鳥の姿が見られます。

夏本番に近づくと小鳥の繁殖シーズンは終わり、姿が見にくくなり、鳴き声も聞こえなくなります。

カンムリカイツブリの親子

カッコウ

コヨシキリ

オオヨシキリ

モズ

餌を運ぶノビタキのメス

アカハラ

オオジシギの親子

コチドリの親子

シジュウカラの巣立ち

LOVE コメント はくちょうがみれってうれしかったです／匿名

ユリカモメ

秋の鳥

秋には宮島沼とその周辺で野鳥が168種確認されており、もっとも多くの種類の野鳥を観察できる季節です。春にはあまり見かけず、秋に目立って宮島沼を通過する鳥に、ダイサギやユリカモメなどの水鳥がいます。コミミズク、クロツグミ、ムシクイ類、クマゲラなどの森林性鳥類が多く通過することも特徴といえます。ツグミ、カシラダカは数が多く、アトリ、ベニヒワ、マヒワの大きな群れも見ることができます。クイナやチュウヒも秋に見やすい鳥です。

湖面は9月下旬からガンやカモの仲間でにぎわいますが、ハクチョウ類は春より飛来数が少なく、渡ってくる時期も遅めです。

ミコアイサの群れ

ベニヒワ

カシラダカ

コミミズク

ハジロカイツブリ

チュウヒ

クイナ

LOVE コメント たくさんがんみたいなのいて、びっくりした!!!／りつ

カケス

冬の鳥

カケス（亜種ミヤマカケス）が山から下りてきて、木々が葉を落とすと、カラ類の混群が見やすくなります。ハシブトガラとシジュウカラの中にゴジュウカラ、ヒガラ、アカゲラも一緒に行動しているときがあります。大人気になったエナガ（亜種シマエナガ）の群れもよく見られ、小鳥を狙うハイタカなどの姿も時折みることができます。

湖岸では、運がよければコアカゲラがイタドリを突いている姿も見ることができます。年中見られるスズメも、この季節は群れをつくり、ふっくらとしたかわいらしい姿を見せてくれます。

ハシブトガラ

ゴジュウガラ

アカゲラ

キバシリ

エナガ

マヒワ

コアカゲラ

LOVEコメント 楽しいー!!!／せいた

大きな頭花をつけ高さ2mを超える個体が多いオオハンゴンソウと、小さな花を多数つけるオオアワダチソウ

植物、魚、昆虫、哺《ほ》乳類

宮島沼の植物

宮島沼と周辺の農耕地と防風林では498種の植物が確認されています。もっとも古い記録では「1960年代の水生・水辺植物目録」がありますが、ミツガシワやホロムイツツジなど記載されている種の大半が今では残念ながら見られなくなっています。代わりに、オオハンゴンソウやオオアワダチソウなどの外来種と、人里に多い植物が大きな割合を占めています。

夏には宮島沼の水面をヒシが覆います。葉の付け根の茎が膨らんでいて、内部はスポンジ状になっているので、葉は水面に浮いて広がります。8月には白い小さな花を咲かせ、刺のある実をつくります。ヒシの実は昔から食用にされていて、美唄には「べかんべ最中」（ベカンベはアイヌ語でヒシの意味）という

エゾノリュウキンカ（ヤチブキ）　クロユリ　チョウジソウ

歴史ある銘菓があります。

宮島沼のヒシの実はオオヒシクイの重要な餌ですが、最近ではヒシがやや少なくなっているのが気がかりです。かつての湿原の生き残りであるミズバショウ、エゾノリュウキンカ、ゼンテイカ、ヌマガヤ、チョウジソウ、クロユリなども分布は限られ、数も少なくなっています。

ヒシの花

ヒシの実を食べるオオヒシクイ

LOVEコメント　マガン追いかけてつかれた〜。手もつかれた〜。でもたのしかった〜。／かこ　北村　マガレン

ジュズカケハゼ

魚

宮島沼では19種の魚が記録されています。かつては湿原の湖沼を代表するヤチウグイ、エゾトミヨも生息していましたが今では見られず、トミヨ淡水型、エゾホトケドジョウも著しく数が少ないか、絶滅したと思われます。

今では、富栄養化した湖沼でも生息できるワカサギ、ギンブナ、ジュズカケハゼ、外来種のモツゴ、タモロコ、タイリクバラタナゴが勢力を増しています。特にモツゴは数が多く、カンムリカイツブリなど魚食性の鳥類の重要な餌になっています。

モツゴ

エゾホトケドジョウ

トミヨ淡水型

ドイツゴイ

LOVEコメント **3年生で初めて宮島沼に来て、夕日がしずむタイミングと重なったマガンの波がとてもきれいでした。来年もマガンたちと渡りの時期に会いたいです。／匿名**

ニホンアマガエル

昆虫と両生爬《は》虫類

宮島沼ではトンボをはじめ256種の昆虫が確認されています。ただ、昆虫はそもそもたくさんの種類がいて、宮島沼ではほとんど調査がされていないので、実際にはこの何倍もの種類の昆虫が生息していると思われます。

両生類は5種が記録されていますが、在来種のエゾアカガエルとエゾサンショウウオは今では確認できず、国内外来種のトノサマガエルとアズマヒキガエルが問題になっています。爬虫類はニホンカナヘビの1種を記録していますが、かつてはシマヘビやアオダイショウも生息していたようです。

ニホンカナヘビ

エゾサンショウウオ

ナツアカネ

マダラヤンマ

LOVE コメント **マガレン隊員です!!　宮島沼は人間と自然がわかちあえる場所なので、いつまでも、これからもあり続けてほしいです!!／S.A.　美唄市**

エゾタヌキ

哺乳類

宮島沼では17種の哺乳類が確認されています。開拓期にはヒグマ、昭和期までは防風林にエゾリスがいたそうですが、今では見られません。エゾシカは石狩川の河川敷に多く、時々宮島沼に迷い込んできます。

キタキツネは普通に見られ、オジロワシと餌を捕りあう姿や、湖岸を歩いてカモに追いかけられる（モビングといいます）様子も見られます。エゾタヌキもいますが、数を減らしているようです。

野ネズミはエゾヤチネズミなど豊富で、ノスリやキタキツネの重要な餌になっていて、春先にはイイズナの姿も見ることができます。モグラの仲間のオオアシトガリネズミも多く生息しています。コウモリの仲間についてはまだ十分な調査が進んでいません。

外来種ではアライグマとイエネコが多く、在来生

オナガガモにモビングされるキタキツネ

物への影響が心配されます。かつて美唄にはミンクの養殖場があり、宮島沼でも野生化した個体が見られましたが、最近ではだいぶ少なくなっているようです。

参考文献
北海道地方環境事務所・宮島沼の会（2020）令和2年度国指定宮島沼鳥獣保護区自然環境インベントリー調査業務報告書。
草野貞弘（1998）宮島沼レポート 表とグラフで見る宮島沼の水鳥。
草野貞弘（2001）美唄の沼 第一部 沼の記録帳。

エゾユキウサギ

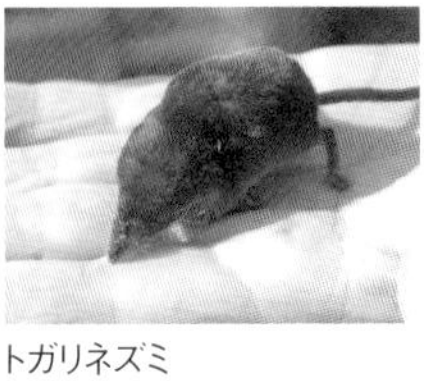

トガリネズミ

ヒナコウモリ

LOVEコメント マガンのねぐら立ちは圧巻！ また早起きして観察しに来たいと思っています。ヒシクイやハクチョウも楽しみです。／M.U. 札幌市 20代

地形図で見る宮島沼周辺の歩み

かつて、石狩川とその支川の間には原野と呼ばれた湿原がありました。原野は戦後急速に進んだ農地開発によって消えてしまいましたが、今でも数々の沼が原野の「生き証人」として残されています。

多くの沼が宮島沼のように富栄養化や土砂の堆積などの課題を抱える中、三角沼、鏡沼、月ヶ湖小沼は比較的良い状態に保たれています。三角沼と鏡沼は私有地で、月ヶ湖は北海道の学術自然保護区に指定されているため、周辺の農地開発の影響を受けにくかったのでしょう。

宝沼など埋め立てられてしまった沼も無数にありますが、新沼と雁里沼などは、石狩川が承水路によって直線化された際にできた新しい沼(旧川)です。貞弘沼も比較的新しくできた沼で、1898年(明治31年)の洪水の際に地下の泥炭層から水が噴き出てできたと記録されています。

これらの沼は人との関わりも深く、さまざまな歴史があります。茶志内沼はウリリントウと呼ばれて

大正7年発行の地形図（国土地理院所蔵）をもとに作成

LOVEコメント

日本でもあれだけのイキモノのドヨメキを感じられるマガンの飛び立ちを体験できるなんて感動です！

毎年早起きして来続けたいヨ〜♪／A.S.　札幌市　ギリ50代

現在
富樫神社の沼 (P123)
堤防をつくるために埋め立てられた沼の痕跡が見られる
石狩川
大富原野の森 (P117)
市民活動で外来植生の管理などを行っている防風林。6月上旬にはゼンテイカのお花畑になる
大富神社 (P123)
金色の鳥居にスゲで作ったしめ縄が奉納されている
宮島沼
偕楽公園
かつて蛇行していた石狩川を直線化した際に残された旧川
屈曲した道路
かつて広がっていた水面を避けるように道路が作られた
泥炭地の橋 (P125)
周辺の地盤沈下によって浮き上がってしまった橋
手形沼
土砂の流入と水位の低下によって干上がりそうな沼
浚渫実験区と掘削区 (P81)
宮島沼の水環境の再生に向けた試験を行っている
親子沼
排水されて消滅してしまった沼。今では草原性鳥類の重要な繁殖地となっている
樺戸道路
樺戸集治監(月形町)と空知集治監(三笠町)を結ぶために作られた囚人道路。明治20年開通

現在の宮島沼周辺

おり、7世紀から12世紀頃までに見られる擦文土器が発掘されています。現在の新沼にあたるウラシナイ川の河口では松浦武四郎が安政7年に野営をしており、浦臼沼のほとりには蝦夷地開拓を目指した坂本龍馬の甥である直寛が明治31年に入植しています。

鏡沼は岩見沢市北村の地名となった北村牧場の敷地内にあります。北村牧場は石川啄木が想いを寄せた橘智恵子さんの嫁ぎ先で、病に伏せた啄木に送られたバターにちなんで「石狩の空知郡の牧場のお嫁さんより送り来しバタかな」という歌が残されています。昭和初期の鏡沼については北村恵理さんの『ハコの牧場』(福音館書店)に鮮やかに書かれています。

ご注意ください!

ここで紹介されている場所の多くは、立ち入りに許可が必要な私有地や公有地です。人が立ち入ることによって貴重な自然が失われることもあります。

湿地の外来種

外来種とは、本来生息していなかった場所に人によって運ばれた生物を指し、捕食、競争、病原体の媒介などにより、元々すんでいた生物を絶滅に追い込んだり、本来の生態系を変えたりしてしまうこともあります。宮島沼では、開拓当初に食用のため放されたコイが最初の外来種となったと考えられますが、今ではとても多くの外来種が生息しています。

外来種の中でも特に目に付くのが、夏に黄色い花を咲かせるオオアワダチソウとオオハンゴンソウです。両種ともに繁殖力が強く、明るくて栄養分がある場所では在来種を排除して繁茂します。こうした外来種は一度侵入し、定着してしまうと、駆除することはたいへん困難です。

オオハンゴンソウ

近年になって侵入し、急速に生息範囲を広げている外来種にトノサマガエルとアズマヒキガエルがいます。両種とも2013年に宮島沼付近の農地で初めて確認されました。トノサマガエルは田んぼ、アズマヒキガエルは河川敷を中心に定着してしまいました。田んぼには元々ニホンアマガエルが生息していますが、体が小さく身軽なニホンアマガエルは小さな害虫を、体が大きなトノサマガエルはクモなどの益虫をより多く食べるとも考えられ、もしトノサマガエルがニホンアマガエルを排除するようであれば、害虫の発生具合にも影響を与えるかもしれません。また、トノサマガエルはオオコオイムシなど希少な水生昆虫も捕食するため、外来種の定着による影響は広範囲に及ぶことがあります。

アズマヒキガエルは春先に河川敷の水たまりに集まって産卵します。こうした水たまりは、在来種のエゾアカガエルとエゾサンショウウオの産卵場所でもあります。アズマヒキガエルには毒があり、エゾアカガエルのオタマジャクシがアズマヒキガエルの卵やオタマジャクシを食べると死んでしまいます。場所によってはエゾアカガエルのオタマジャクシが全滅してしまうほどですが、エゾアカガエルのオタマジャクシはエゾサンショウウオの卵も食べるので、そうした場所ではエゾサンショウウオの幼体は生き残りやすくなるのかもしれません。しかし、産卵時期にはエゾサンショウウオもエゾアカガエルも、外来種のアライグマにかなり食べられてしまい、産卵に適した水たまり自体もどんどん少なくなっているので、河川敷からエゾアカガエルとエゾサンショウウオが消える日も近いのかもしれません。

実はこうした外来種の影響に関する科学的な調査はあまり行われておらず、多くの場合は対策もされていません。その結果、身近な自然がいつの間にか別のものに置き換わってしまうという事態が起こっています。（牛山）

トノサマガエル

アズマヒキガエル

アズマヒキガエルの卵

エゾアカガエル

エゾアカガエルを食べるアライグマ

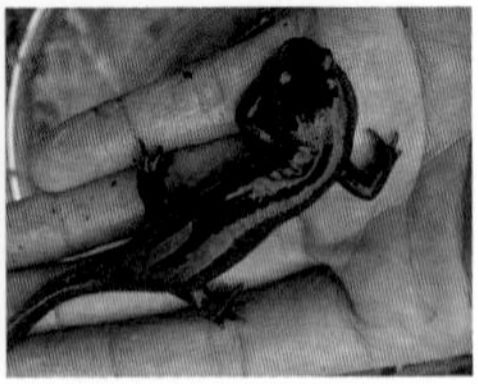
エゾサンショウウオ

第2章

宮島沼と鳥たち

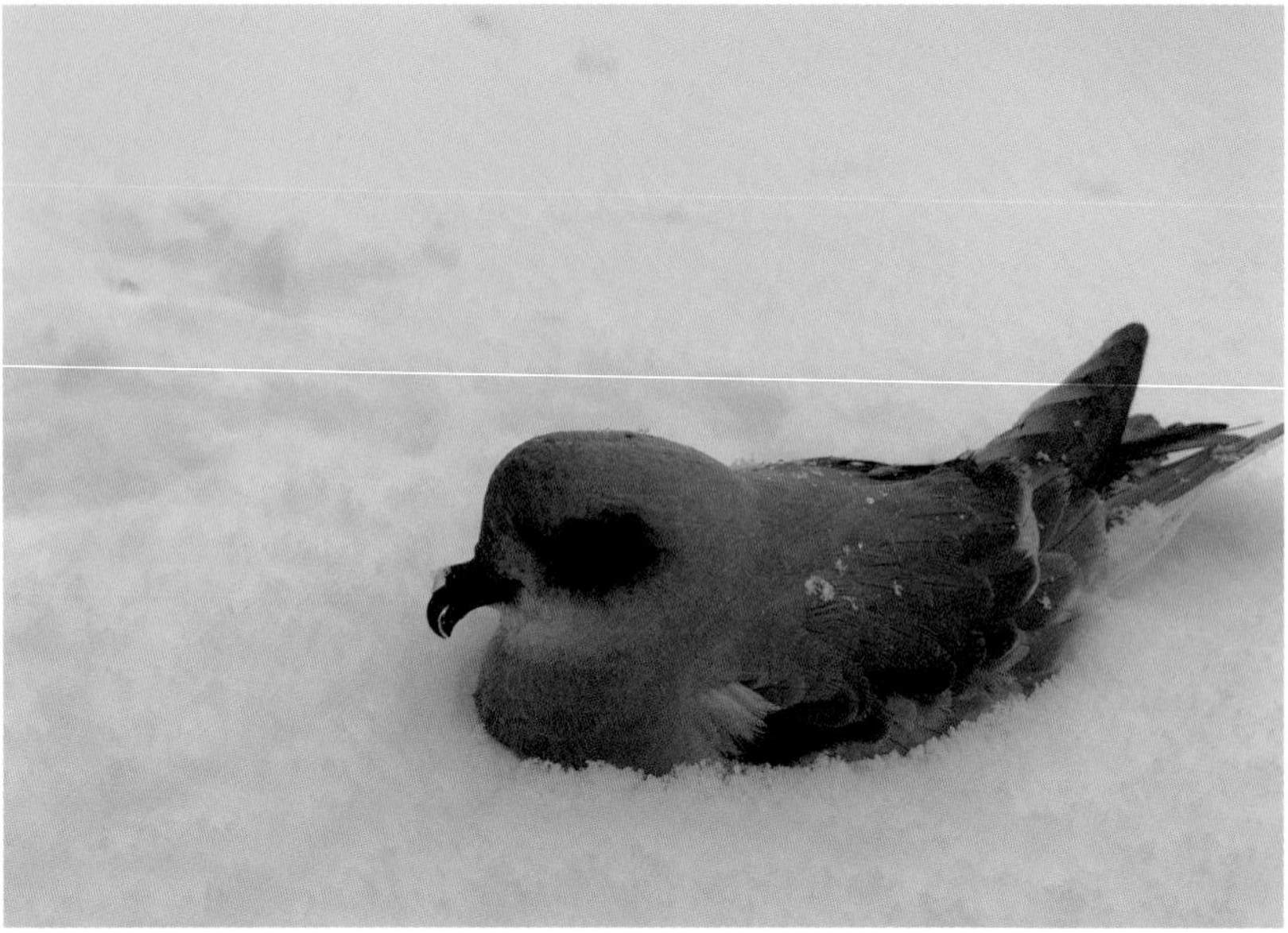

写真1 ハイイロウミツバメ

宮島沼の鳥類

富川 徹（北海道野鳥愛護会）

宮島沼の鳥類相

宮島沼および周辺の鳥類相として文献・資料などから鳥類目録を作成すると、鳥類は合計で48科227種に上ります。マガンやオナガガモなどのガンカモ類からアオサギやセイタカシギなどのサギ類やシギ・チドリ類などの水鳥、それにオジロワシやハヤブサなどの猛禽類、その他でアカゲラ、シジュウカラ、アオジなど小型の陸鳥と数多くの種がリストアップされています。これは日本のバードサンクチュアリ第1号であるウトナイ湖の約270種をやや下回るものの、豊かな鳥類相に驚かされます。

科別種数では、上位からカモ科34種（15％）、シギ科26種（11％）、ヒタキ科15種（7％）、カモメ科13種（6％）、タカ科11種（5％）、アトリ科10種（4％）、ホオジロ科10種（4％）となり、これらで全体の5割

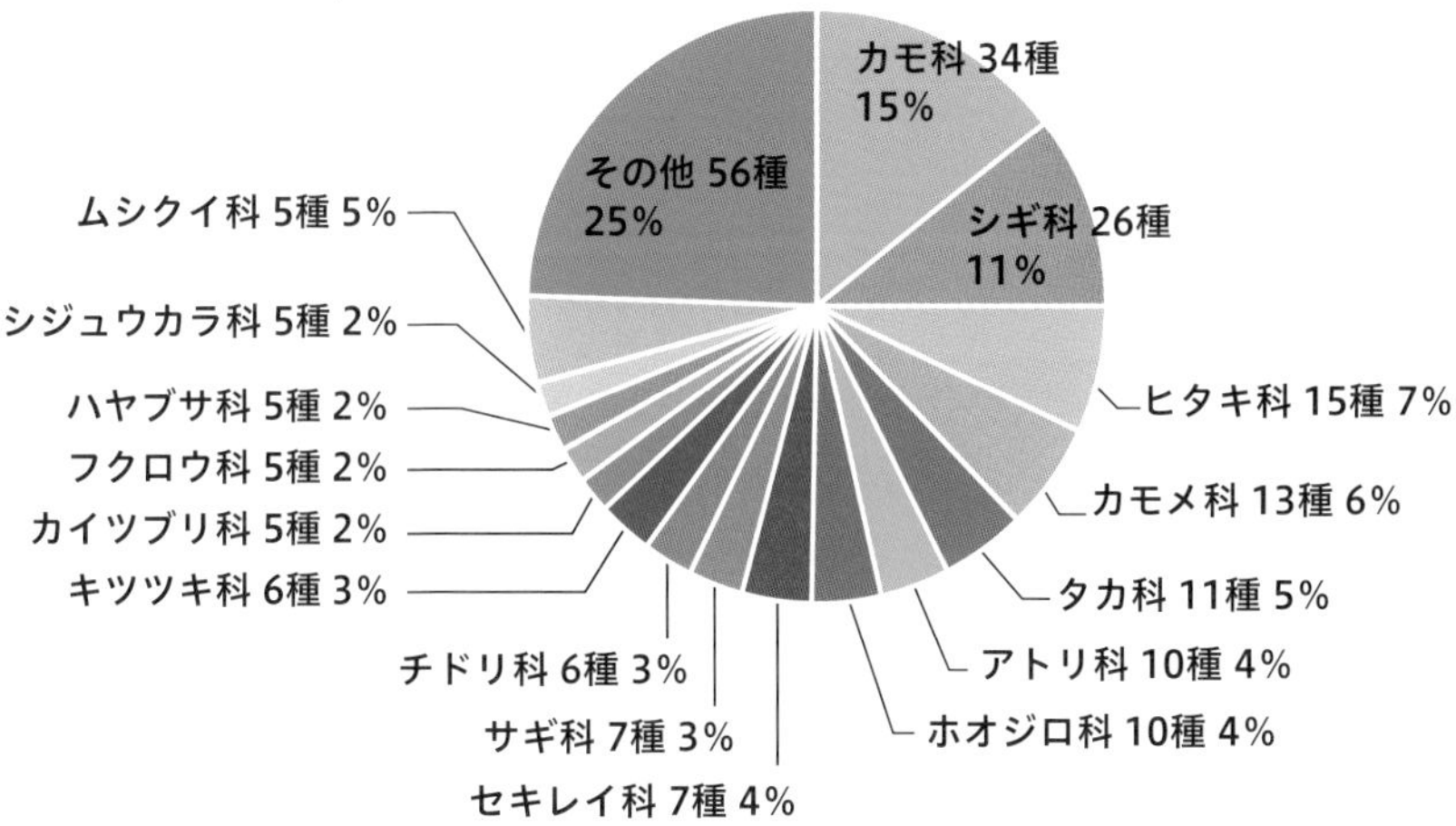

図1 科別種数（全種）　※四捨五入の関係により総計は100%にならない

以上を占めています（図1）。数少ない目撃例としては、2021年2月に保護されたハイイロウミツバメ（写真1）や、16年10月と22年9月のクロハラアジサシ（写真2）の記録があります。コウノトリは1991年の1度だけ夏季に飛来し、カラシラサギ、トラフズク（写真3）などの数少ない記録があります。

陸鳥で忘れてはならない鳥にシマアオジ（写真4）があげられます。70年代には石狩川の河川敷や周辺の湿地環境では普通に確認されていましたが、90年代に入ると急激に減少し、2000年代前半にはほとんど見られなくなりました。01年に環境省の鳥獣保護区設定に関わる鳥類調査で2羽を確認したときは、驚きと感動で体が震えたのを覚えています。もはや幻の存在になってしまったこの黄色い鳥を、再び宮島沼に呼び戻したいと願わずにはいられません。

LOVEコメント　宮島沼で見る夕日が何よりのごちそうです。ここの良さをみんなに知って欲しい。／Y.K.　美唄市　50代

写真2 クロハラアジサシ

写真4 シマアオジ

写真3 トラフズク

LOVEコメント

美唄で産まれ育ちました。30年位前はいま水草が増えている所まで水があり、白鳥がすぐ近くに見えました。首を沼に突っ込んだ白い白鳥が泥の色になって「きたなくなっちゃった」と思った記憶が残っています。毎年、春と秋に家族で来ますが、どんどん環境が変わっていくのを感じます。立て看板に「50年後は沼がなくなるかも」とあり、なんとかこの風景を残して私の孫やひ孫にも見せてあげたいと思います。／Y.K.　札幌市　60代

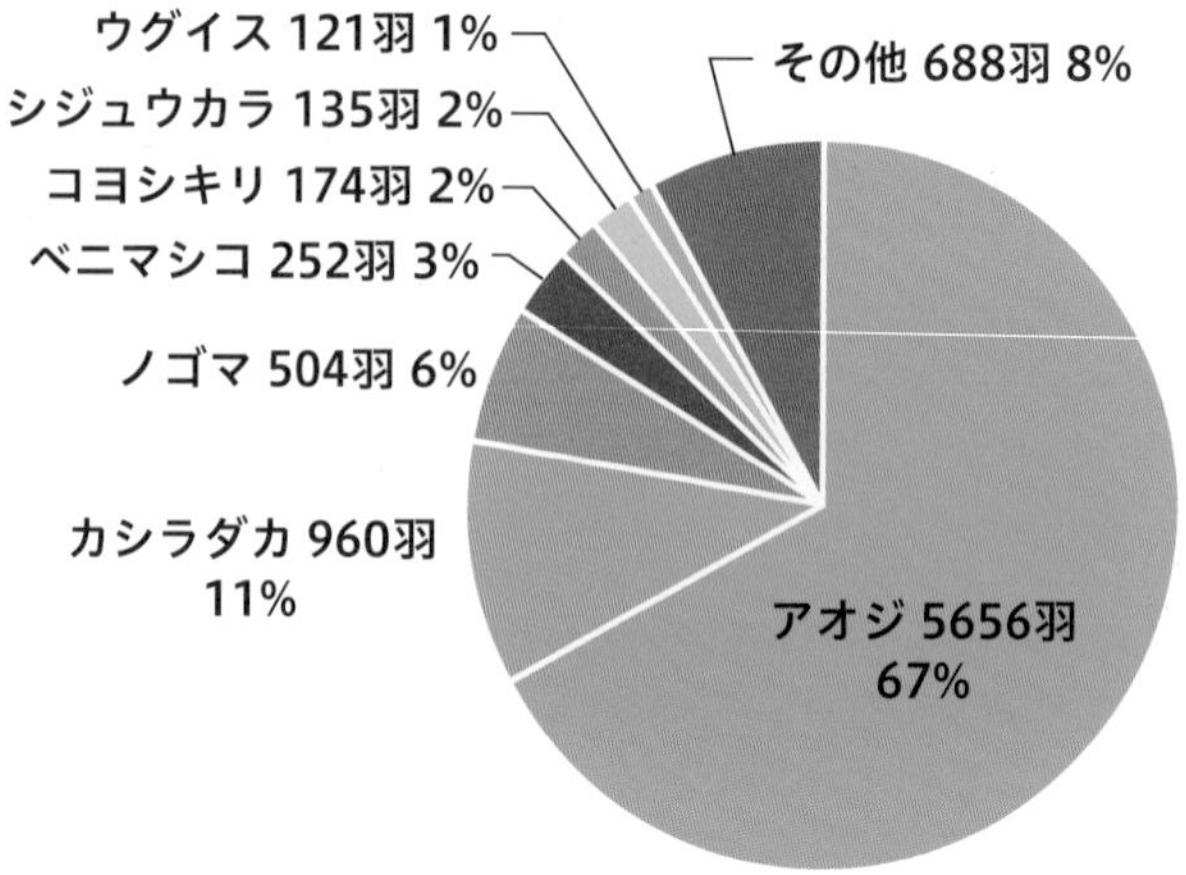

図2 標識調査で捕獲された鳥類の内訳

鳥類標識調査

筆者は09年から宮島沼で鳥類標識調査（バンディング）を行っています。バンディングとは、鳥類を捕獲して1羽1羽の鳥が区別できる記号や番号の付いた標識（足環）を鳥に付けて放し（放鳥）、その後の回収（標識の付いた鳥を再捕獲または見つけ、その番号を確認すること）によって鳥の移動や寿命を知るものです。調査時期としては、秋の渡り期となる9〜10月を主体に行っています。

宮島沼における09〜23年（11年は未調査）の調査では、延べ総数で65種８４９０羽を放鳥しています。最も多いのはアオジで５６５６羽（67％）、次いでカシラダカ９６０羽（11％）、ノゴマ５０４羽（６％）の順です（図２）。

バンディングは、観察しにくい鳥や夜行性鳥類の生息状況を確認するうえで有効で、これまでの調査でウグイス、ヤブサメ、エゾセンニュウ、コノハズク

（左上）写真5 ムジセッカ
（右上）写真6 シロハラホオジロ
（右下）写真7 オオマシコ

などを放鳥しています。また、観察が難しい珍しい種を偶然捕獲できるのも特徴で、宮島沼では記録がなく、渡り区分の「迷鳥」であるムジセッカとシロハラホオジロ（写真5、6）のほか、23年秋には赤い冬鳥のベニヒワ、オオマシコ（写真7）など13種を放鳥しました。

またノゴマ、ベニマシコ、コヨシキリなどの草原性鳥類を記録すると同時に、ウグイス、シジュウカラ、クロツグミ、アカゲラ、アカハラ、ムシクイ類などの森林性鳥類を多く放鳥しているのも特徴です。今後もこれらの鳥類の動きをよく観察していく必要があります。

鳥類標識調査という地味な調査の醍醐味は再捕獲（リカバリーという）に尽きます。宮島沼からもっとも遠くに渡った例として長崎県までのアオジとオオジュリンがあげられますが、その成果と感動は忘れられません。

LOVEコメント 毎年宮島沼でマガンたちを見るのをたのしみにしていました。明日から茨城に引っ越しますが、またいつかマガン達を見に来たいです。その日まで、かれらがすむこの場所がよくなることを祈ります。／Y.T.　旭川市　50代

早朝の飛び立ち

マガンの宮島沼での生活

牛山 克巳（宮島沼水鳥・湿地センター）

「2食昼寝付き」

夜明け前、沼を埋め尽くしていたマガンがズゾゾゾゾ……と水しぶきを上げ、けたたましく鳴きながら一斉に飛び立ち、朝焼けの空を覆い尽くします。向かうのは周辺の田んぼです。マガンは収穫後の田んぼに残されている落ち籾が大好物ですが、畦に生えるスズメノカタビラ、スズメノテッポウ、タネツケバナ、スギナなどの雑草もよく食べます。

田んぼで数時間過ごし、お腹いっぱいになったあと、マガンは宮島沼に戻り、水を飲み、羽《は》繕《づくろ》いをして休息をとります。午後になると三々五々また周辺の農地に出かけて採食し、日の入りにあわせて一斉に宮島沼に戻り、ねぐらをとります。マガンは、宮島沼ではこのような「2食昼寝付き」の生活を送っ

休息に戻ったマガンの群れ

ています。

マガンの生活を支えているのは、安心して休めるねぐらである宮島沼と、餌が豊富で十分なエネルギーを獲得できる周辺農地の存在です。宮島沼はラムサール条約に登録されその重要性が認知されていますが、周辺農地の重要性についてはあまり知られていないのではないでしょうか。

地域農業の重要性を伝えるため、宮島沼では「ごはんを食べてマガンを守る」というキャッチフレーズを使っています。マガンの1日の代謝量を補うために必要な落ち籾は約150gで、その落ち籾は田んぼ5㎡に残されています。田んぼ5㎡から収穫されるお米はお茶碗に山盛りで30杯ほどなので、1カ月ごはんを食べれば、マガンが1日過ごせる落ち籾を田んぼに残してあげられることになります。宮島沼を代表する自然と景観は、食と地域農業を通じて育まれているのです。

LOVEコメント 今日はじめて来ました！　鳥たちがいつでも帰ってきてくれる美しい場所であってほしいです！　いろんな季節にまた来ます！／Y.F.&T.Y.

ねぐら入り風景

行動のヒミツ

宮島沼でたくさんのマガンを見るには、早朝の飛び立ち、日中の休息時間、夕方のねぐら入りの三つのタイミングがあります。早朝の飛び立ちは日の出の20分前くらいになることが多く、一斉に飛び立つことが多いですが、ばらばらと飛び立つこともあります。マガンが一斉に飛び立つのは、天敵から個々が狙われにくくするためだと考えられるので、オジロワシが頻繁に訪れるかどうかで飛び立ちの仕方が決まってくるのかもしれません。

日中は、天気が穏やかな日であれば午前中を中心に宮島沼に戻ってきて休息しますが、田んぼに雪が残っている時期や雨天、荒天時は一日中田んぼで過ごすことが多くなります。田んぼに溜まった水で飲み水は確保できるし、風雨の中で飛ぶエネルギーの消耗を節約しているのでしょう。採食地が遠い場合も、宮島沼まで戻って来ないで近くの湖沼で休息

田んぼで採食する

上空を警戒する

することがあります。
マガンがねぐら入りするタイミングも天気によって変わります。晴れている場合は日没後に多くがねぐら入りしますが、曇っていて暗くなるのが早いと、日没時にはほとんどねぐら入りが終わっています。また、遠くで採食している群れは帰ってくるのに時間がかかるため、ねぐら入りが遅くなります。
宮島沼でマガンを観察する際は、さまざまな行動をじっくり見ると面白い発見があります。首をかしげているような仕草は、実は上空を見てワシを警戒しているポーズなので、一緒にワシを探してみましょう。首を低く前に伸ばして突っかかっていく仕草は威嚇のポーズ。家族間の争いは家族のメンバーが多いほうが勝ちます。飛び立つ時、マガンは首を横に細かく振って仲間への合図を送りますが、コハクチョウはゆっくりとうなずくような仕草です。鳴き声にもそれぞれ意味があるので、想像を膨らませて観察してみてください。

LOVEコメント
美唄の中でも生き物や自然を身近に感じることができる場所なのでこれからもありつづけてほしい。／S.M.　美唄市　30代

オジロワシに襲われる

秋のマガンの家族

逆立ち採食をするマガン

尾脂腺から脂をとる

LOVEコメント 子、孫を連れてねぐら立ちを見るのが夢です。いつまでもこの環境が守られることを願っています！／M.K.
江別市　40代

追跡！　マガン夫婦の冒険

牛山克巳

15時間で1800キロ

2022年春、宮島沼近くの農地で3011gのオスと2530gのメスのマガンのペアを捕獲し、首環型発信機を装着しました（写真1）。ペアはしばらく仲睦まじく宮島沼と周辺農地を行き来する生活を送っていましたが、5月6日の夕方、宮島沼にねぐら入りすることなく北上を始め、滝川市、士別市の上空を通過し、2時間後には雄武町幌内からオホーツク海に出ました。

夜通し飛び続けたペアは、翌朝9時にはカムチャツカ半島西岸に到達。およそ1800㎞を15時間かけて移動したことになります（図1）。少し速度を落としてカムチャツカ半島を横断中、何があったのかペアは離れ離れになり、ガン類の渡りの中継地として知られるハルチンスコエ湖付近で別々に過ごすことになりました。

ペアは再会を果たせないまま、5月18日にオスは北を目指して移動を始め、翌日にはベーリング海に面したヴァーモチカ湖畔に降り立ちました。5月22日にはメスも移動を始め、翌日にはオスの待つ湖畔に降り立ち、実に16日ぶりの再会を果たしています（図2、3）。

他の追跡個体でも、オホーツク海縦断中に悪天候に見舞われて海上で一晩を明かしたり、大きく迷走したりする行動が見られ、渡り途中に思わぬトラブルに見舞われることは珍しくありません。お互いに連絡する手段もなく離れ離れになってしまっても、広大な湿地帯にある繁殖

写真1 捕獲したマガン

写真2 マガンの繁殖環境

地にピンポイントで落ち合えることは驚くべき能力と言えるでしょう。

ロシアで産卵

繁殖地に着いてからのペアの行動範囲は1㎞程度と極端に小さくなります(写真2、3)。6月18日からメスはほとんど動かなくなったので、産卵がはじまったのでしょう。メスは3日に2卵のペースで平均5卵を産み、抱卵はメスだけで行います(写真4、5)。オスは終始、巣の近くで警戒にあたります。

7月10日になると雛が孵化したのか、ペアは巣から離れました。マガンは雛が孵化すると複数の家族が合流して、「幼稚園」とも呼ばれる群れを形成して共同で雛を守ります。雛の食欲は旺盛で、一斉に芽生えるイネ科やスゲ科の植物の柔らかい若葉や、タンパク源として、大量

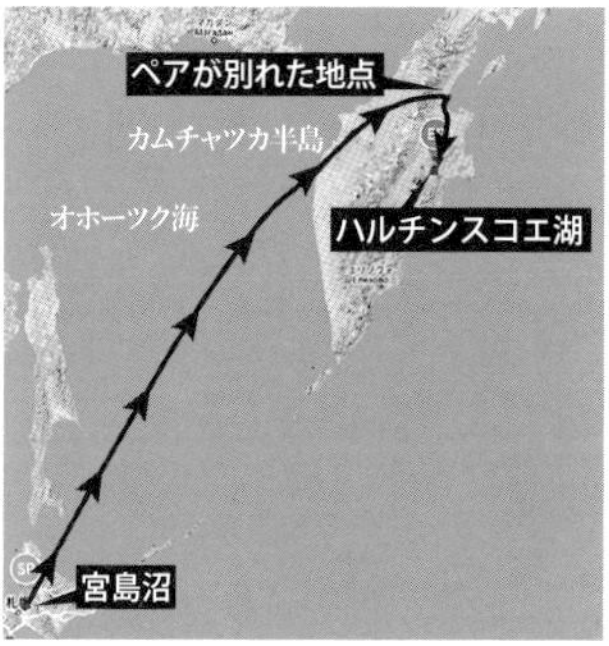

図1 春の渡り経路

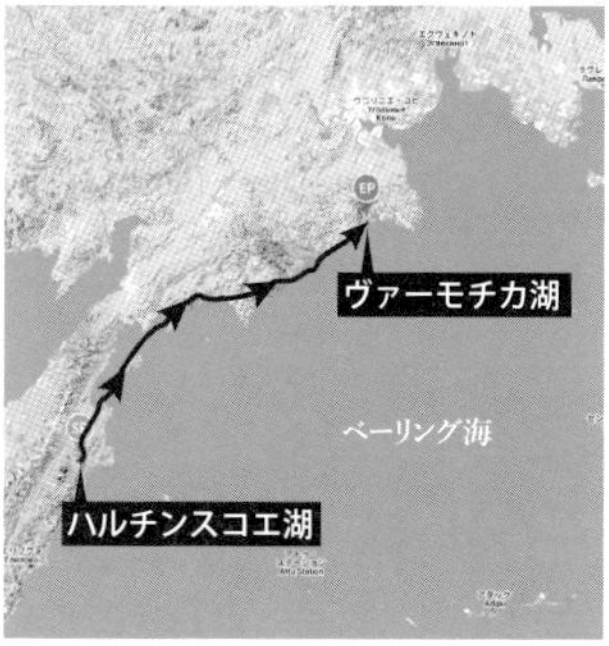

図2 春の渡り経路

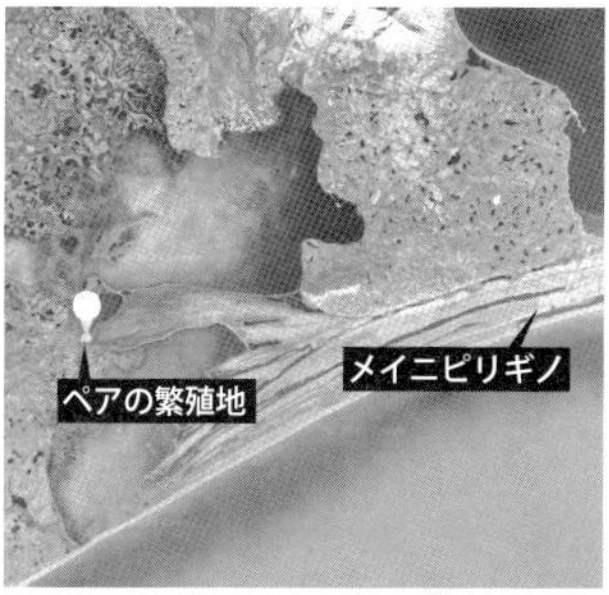

図3 ペアの繁殖地

写真3 マガン繁殖地の様子

写真4 マガンの卵

写真5 抱卵するマガン

(写真2、3、4、5の画像提供：ElenaLappo)

に発生する蚊を食べ、迫りくる秋に向けて急速に成長します。体重70～80gで生まれ、ふわふわの綿羽に覆われていた雛は、生後20日から親鳥同様の正羽が生え始め、1カ月で体重は1.5kg近くになります。

7月28日、ペアは突然400㎞ほど北に離れた湖に移動しました。雛は生後45日ほどたたないと飛べないので、雛を連れて移動したとは考えられません。何かの理由で雛を失ってしまったのでしょう。シロカモメやシロハヤブサの捕食などによる雛の死亡率は高く、経験の浅いペアだとすべての雛を失うことも珍しくありません。

雛を失ったペアが向かった先は換羽地です（図4）。マガンは羽の機能を保つためこの時期羽を生え変わらせ、20～30日間ほど完全に飛べなくなってしまうため、安全で食物が豊富な湖沼に集まるのです。

秋の渡りと冬の生活

換羽を終えたペアは9月13日にまた繁殖地に戻り、10月8日に南下をはじめました。9日にはカムチャツカ半島の北東岸、11日にはカムチャツカ半島西岸に降り立ち、15日にはオホーツク海を越える旅をはじめました（図5）。春と比べると秋のオホーツク海越えはゆっくりで、海上で休息を取りながら1500㎞を30時間かけて移動し、16日夜に興部町から北海道に上陸しています。その後、ペアは宮島沼で5日間過ごしたあと、千歳川沿いの根志越遊水地を経由して10月23日に越冬地である宮城県伊豆沼に到着しました（図6）。

（右）伊豆沼の朝の飛び立ち（撮影／嶋田哲郎＝宮城県伊豆沼・内沼環境保全財団）
（左）伊豆沼周辺の採食地（同）

伊豆沼での生活は、基本的に宮島沼と同じで、沼と農地を行き来する日々です。日中は継続して沼の北側に6㎞ほど離れた一帯に通い続けていて、繁殖地と同じように、越冬地の採食地についても、決まった場所を選ぶ傾向が強いことをうかがわせます。1月13日には秋田県八郎潟まで北上し、24日にはまた伊豆沼に戻っています。八郎潟はマガンの渡りの中継地ですが、積雪が少ない時には越冬期でもマガンが利用することが知られています。

春の渡り

春の渡りは2月23日にはじまり、マガンのペアは再度八郎潟に移動して10日間ほど過ごしたあと、3月4日からは青森県の津軽平野に滞在しました。津軽平野では、小戸六溜池、田光沼、廻堰大溜池、砂沢溜池などねぐらを転々として過ごし、21日には北海道に移動し、岩見沢市

図4 換羽地への渡り

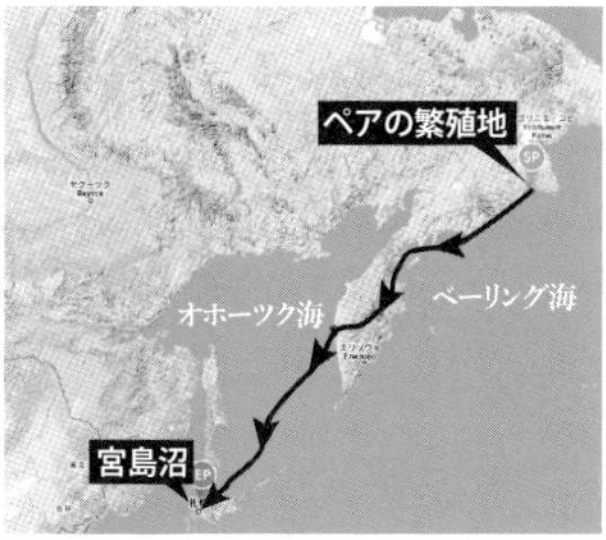

図5 秋の渡り

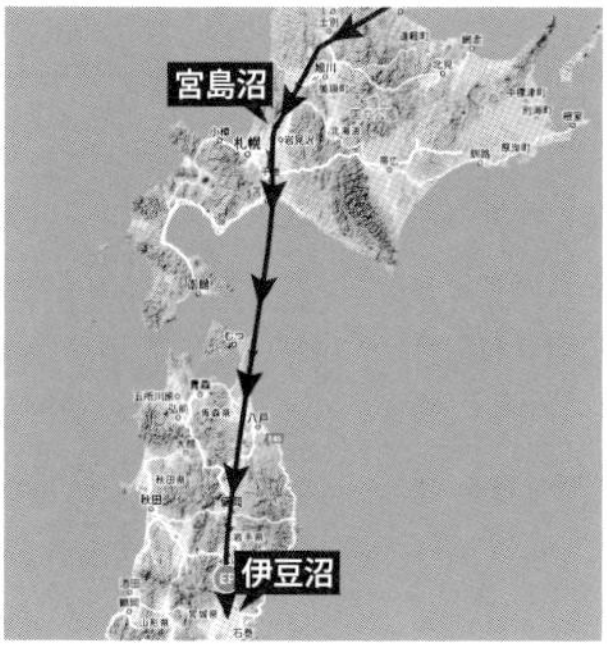

図6 秋の国内の渡り経路

図7 春の国内の渡り経路

内の農地まで一気に北上しています（図7）。

春先、マガンの第1陣はウトナイ湖でねぐらをとり、むかわ町の田んぼを採食地として利用します。マガンは、雪解けとともに採食地を石狩低地帯を北へ移し、それにあわせてねぐらも北に移ります。石狩川流域では、水面が開くのが早い浦臼町の新沼や新十津川町の袋地沼がまず利用され、マガンのペアも主に新沼でねぐらをとっていました。

宮島沼は4月2日から水面が少し見えてきて、6千羽ほどのマガンが初めてねぐらをとっていますが、観察を続けてきたマガンペアも、その翌日から宮島沼でねぐらをとっています。宮島沼でねぐらをとるマガンが一気に増えるのは沼が全面解氷する「沼開け」からで、例年は4月15日前後です。マガンペアは1カ月ほど宮島沼をねぐらとし、南に6㎞ほど離れた農地を主な採食地として利用していましたが、5月2日には繁殖地に向けて飛び立っています。

このように、マガンは越冬地から繁殖地のおよそ4200㎞を、時にはトラブルに見舞われながら、毎年往復して生活しています。宮島沼はマガンにとって渡りの中継地ですが、秋には初めての過酷なオホーツク海越えの旅を乗り切った幼鳥を迎え、春にはまだ食べものの少ない早春のロシアで繁殖するためのエネルギーも蓄える重要な場所でもあります。

マガンのペアは生涯続き、どちらかが死なない限り相手を変えることはありません。成鳥の年間生存率は7~8割程度で、野外での長寿記録は22歳ですが、飼育下では46年生きた個体もいます。

参考文献
池内俊雄（1996）「マガン」文一総合出版
Ely, C. R., A. X. Dzubin, C. Carboneras, G. M. Kirwan, and E. F. J. Garcia (2020). Greater White-fronted Goose (Anser albifrons), version 1.0. In Birds of the World (S. M. Billerman, Editor). Cornell Lab of Ornithology, Ithaca, NY, USA.

*マガンの渡り追跡調査はパシフィック・センチュリー・プレミアム・ディベロップメンツの支援によって実施しました。

飛来数の変化でわかること

牛山克巳

マガンの数え方

宮島沼のマガンの飛来数は1970年代からモニタリングされています（P70図1）。カウントは、夕方ねぐら入りするマガンを10羽ずつ数えることで行います。慣れてくれば、「あの群れは40羽、あの群れは70羽」などと感覚的にわかるようになります。千羽を超える大きな群れは、50羽や100羽単位でカウントすると案外余裕を持って数えることができます。それでも数万羽のマガンをひとりで数えるのはとても大変なので、可能な限り2〜3人でカウントしているほか、ドローンでマガンを数える方法も試しています（P94参照）。

マガンのピーク時に行う「みんなでマガンを数える会」は、マガンの数を正確に数え、宮島沼にマガンが多数飛来していることを知らせ、世界的な価値を持つ沼の重要性を市民に認知してもらうために始まった87年から続く市民参加型の調査です。数える会では、3地点にわかれてトランシーバーで連絡を取り合いながら、分担してマガンを数えます。初心者でも気軽に参加できます（写真1）。

2015年からは、秋と春の飛来期にそれぞれ2回ずつ、北海道全域でガン類を一斉に数える市民参加型の調査を行っています。また、標識をつけたガン類やハクチョウ類（写真2）を見つけた際に、その情報を入力するウェブサイト「ガン・カモ・ハクチョウのカラーマーキング調査」

写真1 みんなでマガンを数える会

写真2 標識個体のモニタリング

LOVEコメント とりみるのがたのしかった。／関口たすく　岩見沢市北村　10代もつくりました。みなさんもぜひ、渡り鳥のモニタリング活動に協力してください。

飛来数と分布の変化

マガンは江戸時代まで全国的に飛来していて、その数もかなり多かったと考えられます。しかし、明治からの狩猟と1950年代の大規模開発によって越冬数は激減し、越冬地も北日本のわずかな湖沼に限られるようになりました。60年代、北海道を通過するマガンは石狩湾厚田沖の海上のねぐらで羽を休め、当別町の田んぼを採食地にしていました。しかし、70年代中頃になると当別町から宮島沼周辺に採食地を移し、78年から宮島沼をねぐらとして利用し始めました。この頃の飛来数はまだ4千羽ほどでした。

マガンは71年に狩猟鳥から外され国の天然記念物に指定されました。全国的に越冬数が増え始めたのは80年代に入ってからです(図2：ガンカモ類の生息調査＝環境省生物多様性センター＝を元に作成)。マガンの越冬数の増加にともなって、宮島沼への飛来数も増加していきました。84年には1万羽、86年には2万羽、91年には3万羽を超え(図1)、宮島沼とその周辺の限られた農地しか利用していなかったマガンは、石狩川流域の宮島沼以北にもねぐらと採食地を拡大しました(図1)。

2000年には宮島沼のマガンの飛来数は6万羽を超えました。1990年代までは国内の越冬数のほぼすべてが宮島沼を中継していましたが、この頃から宮島沼だけでなく、十勝川下流域とサロベツ原野もよく利用するようになりました。宮島沼の飛来数は2009年に7万羽を超えました(図2)。当時の全国の越冬数は15万~20万羽程度です。

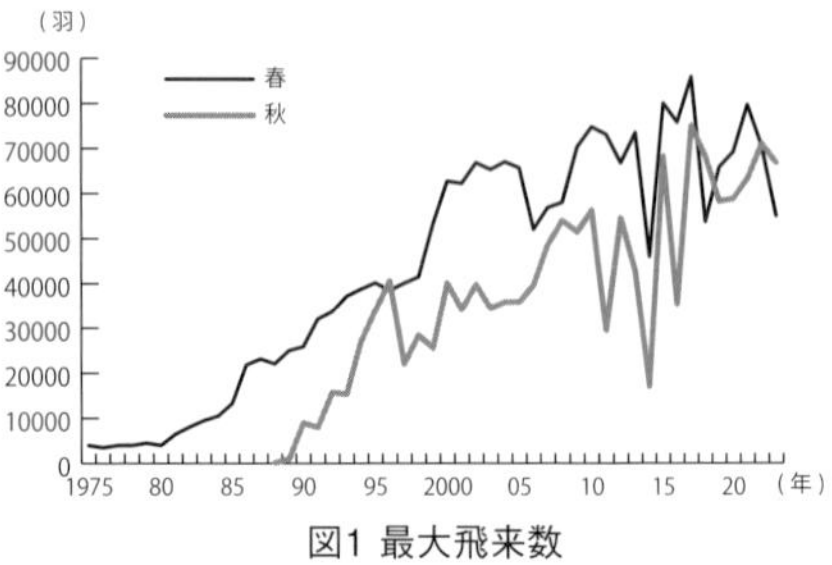

図1 最大飛来数

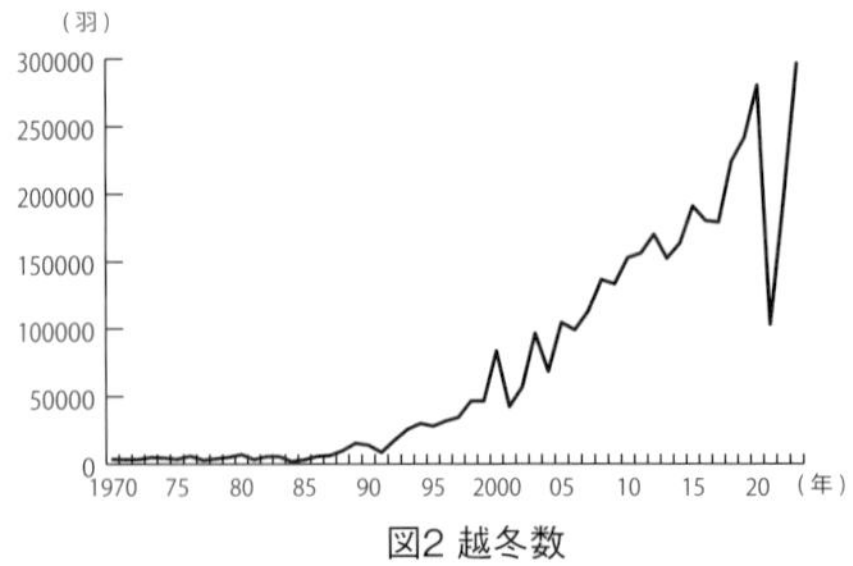

図2 越冬数

宮島沼におけるマガンの最大飛来数は17年に記録した85820羽。近年の飛来数を見ると7~8万羽程度で頭打ちになっているようです。現在、マガンの国内越冬数は25~30万羽で、そのうち少なくとも15万羽程度が北海道を通過していると考えられます。

宮島沼への飛来数は、ねぐらとなる沼の面積と、採食地となる周辺農地にある食べものの量によって決められるため、8万羽程度が収容力の限界なのかもしれません。最近は、沼の水面縮小や田んぼの落ち籾量の減少などによって飛来数が少なくなっている傾向も見えてきています。

早まる秋の渡り

マガンは春、宮島沼が全面的に解氷する「沼開け」を境に増加し、4月20日以降にピークを迎え、4月末から5月頭に北へ移動します。過去30年間のデータを分析すると、沼開けの平均日は4月12日でしたが、年によるばらつきが大きく、年々早くなっているなどの経年的な傾向はみられませんでした。春の渡りに関しては、飛来のピーク日など全体的に大きな変化はみられませんでしたが、渡去《ときょ》が少し早まっている傾向がありました（図3）。

過去30年間で大きな変化があったのは秋の渡りです。1990年代には9月20日過ぎに初雁を確認し、11月まで入れ代わり立ち代わり渡ってきて、期間

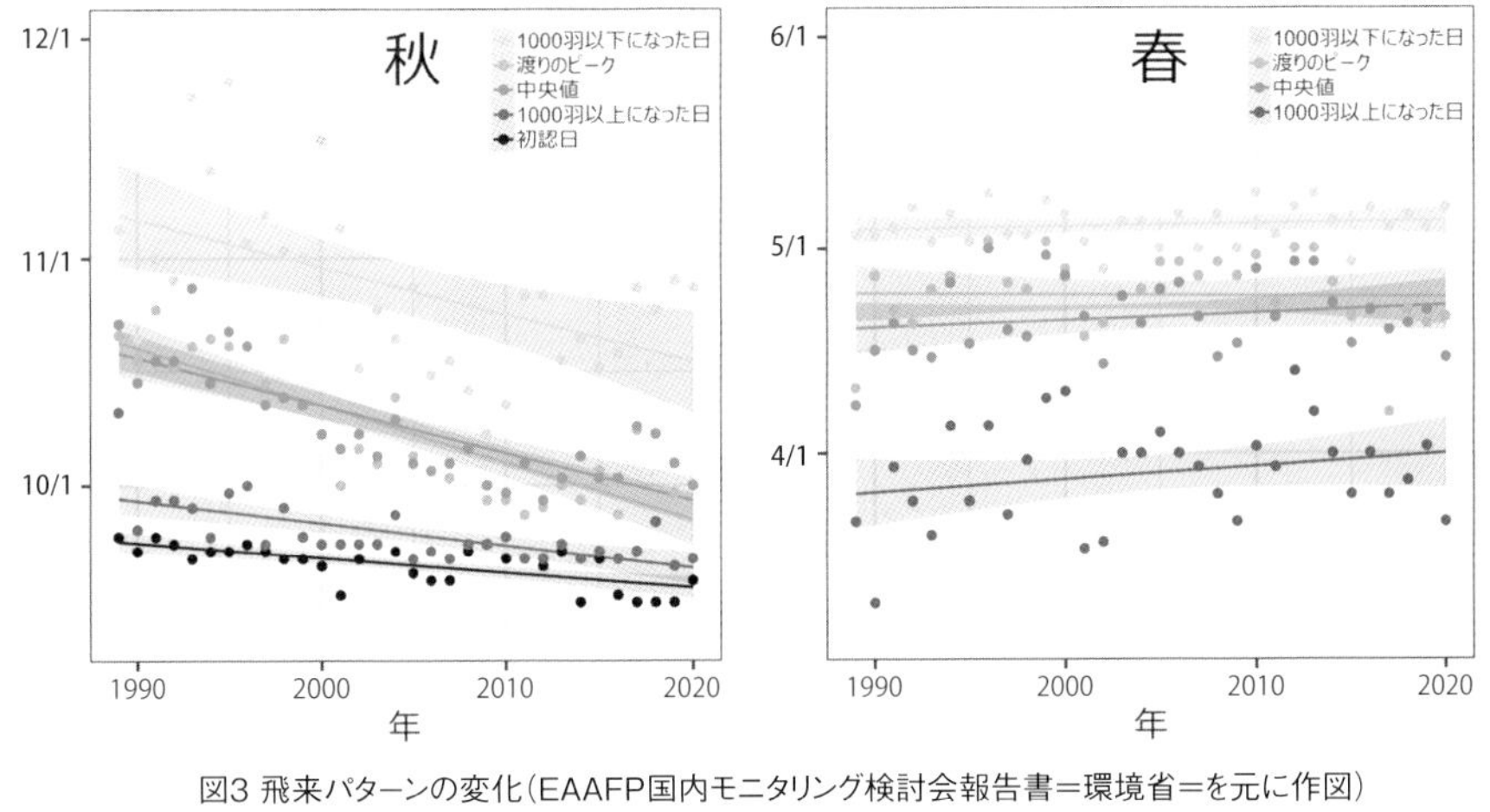

図3 飛来パターンの変化（EAAFP国内モニタリング検討会報告書＝環境省＝を元に作図）

を通して1万羽を超えるマガンが観測されていましたが、近年では初雁が早くなり、10月上旬に多くのマガンが渡ってきた後、中旬以降は急速に数が減ってしまうようになりました。

宮島沼ではマガンの飛来が「早期集中化」したことになります。これは繁殖地における気候変動の影響だと考えられます。かつては、ロシア極東のマガンの繁殖地は雪解けの早い場所から遅い場所までさまざまで、雪解けの進んだ場所から順にマガンが繁殖を始めたため、繁殖が終わって渡りを始める時期にもばらつきがあったと思われます。しかし今では、マガンが繁殖地に到着すると雪解けが一斉に進み、多くのマガンが早くから繁殖にとりかかれるようになったため、秋の渡りも早まったのではないかと考えられます。

このように、気候変動はここ数十年でマガンを含む渡り鳥の生態に大きな影響をもたらしています。宮島沼では夏に繁殖する小鳥たちの初認日を記録していて、ここ15年の間でヒバリ、オオヨシキリ、カッコウなどの飛来が早まっています。渡ってくる時期が遅い鳥ほど顕著なようで、3月下旬に見られるヒバリの到着が3日ほど早まっているのに対して、オオヨシキリは7日、最も遅く飛来するカッコウは10日ほど早まっています。渡り鳥たちは、気候変動の影響の深刻さに警鐘を鳴らしてくれているのではないでしょうか。

参考文献
星子廉彰（2001）：北海道宮島沼における1975年から2000年のマガンの個体数の変化、STRIX, 19, 169-173.
草野貞広（1998）：宮島沼レポート 表とグラフで見る宮島沼の水鳥、美唄市企画財政部
草野貞広（2003）：宮島沼レポートII 表とグラフで見る続宮島沼の水鳥、自費出版
宮林泰彦編（1994）：ガン類渡来地目録第1版、雁を保護する会
牛山克巳編（2012）：みんなでマガンを数える会25周年記念誌、宮島沼の会

宮島沼の成り立ち

牛山克巳

石狩泥炭地

今から150年ほど前、明治時代以前の石狩川流域には手つかずの広大な湿原が広がっていました。湿原の植物は毎年枯れますが、冷涼な北海道では、枯れた植物は分解されないまま堆積して「泥炭」という土壌をつくります。泥炭が厚く堆積した石狩川流域の湿原は「石狩泥炭地」と呼ばれていました。泥炭は1年に1ミリ程度積もり、石狩川流域の泥炭層は4~6メートルあったといいます。4千~6千年もの歳月をかけて形成された地中の泥炭がその歴史を物語っています。

湿原の中を石狩川は気ままに蛇行して流れ、春の融雪期や夏から秋にかけての降雨期に氾濫を繰り返していました。川の岸辺には洪水で運ばれた土砂が堆積して自然堤防ができ、その先には後背湿地が広がります。宮島沼がどのようにできたかはよくわかっていませんが、石狩川が氾濫した際に自然堤防が決壊し、激しく流れ出した洪水が地面をえぐってできた「押堀《おっぽり》」ではないかと考えられます。

石狩川とその支流の近くの後背湿地では、洪水によって土砂や栄養分が与えられるため、ハンノキ、ヤチダモ、ハルニレなどによる湿生林と、ヨシや中~大型のスゲ類など背の高い草本による群落である「フェン」が形成されました。河川から離れ、洪水の影響が及ばない湿原の中

LOVEコメント

ラムサール条約20周年、ボランティアの方や関係者の皆さんごくろうさまです。年に2度ほど来ていますが、これからも30年、40年、100年とつづきますように。妻の父はこの地で生まれ、宮島ともうします。幼少の頃の懐かしい思い出と、春と秋におとずれる鳥たちに、また元気でおいでよと心の中で思いつつ、もう2時間外を見ています(ボーとして)/はまきく草のおかみ　白老町　60代

心部は雪解け水と雨水だけでゆっくり成長し、栄養分に乏しい環境でも生育できるミズゴケを主体とする群落である「ボッグ」が形成されました。水を含んだスポンジのようなボッグは、フェンより泥炭層が厚く、石狩泥炭地の4割以上を占めていました。ボッグに立つと地面が波打つように揺れ、コンニャクの上に立っているようだったといいます。

宮島佐次郎の入植

石狩川流域では河川に挟まれるようにモザイク状に湿原が形成され、それらは「原野」と呼ばれていました。石狩泥炭地の開拓は、原野の縁にあたる河川沿いのフェンや湿生林といった肥沃な土地から始まりました。宮島沼の石狩川の対岸では、1881年（明治14年）に月形村と樺戸集治監が開かれ、波止場や渡船場ができて、囚徒によって樺戸道路（道道275号月形峰延線）が築かれました。交通手段が整備されたことが宮島沼周辺の開拓を後押ししたと考えられます。

1891年（明治24年）、新潟県荒町と新光町（現三条市）の戸長を務めていた宮島佐次郎は、北海道開拓を目指す「北越殖民社」の笠原文平に伴われて北海道を訪れ、翌年に現在の月形町新生に入植しました。1897年（明治30年）には宮島沼の南端から樺戸道路までの48町歩（47・6ha）を取得し、宮島農場を築きました。佐次郎は湿生林を伐採し、50間（90m）おきに排水路を掘り、足踏み式の水車で宮島沼から水を引いて水田の造成を目指したとされています。当時、宮島沼は大沼と呼ばれていましたが、佐次郎が沼に5万尾のコイの稚魚を放したことから、人々は宮島沼と呼ぶようになりました。

当初人力によった開拓も、明治後期には農耕馬が導入されるようになりました（写真1）。1921年（大正10年）には石炭を動力とした揚水機が石狩川に整備されると、宮島沼の西側から北側にかけて3年間で300町歩（297ha）が造田され、居住者も増加しました。しかし、宮島沼の東側はボッグが広がる深い泥炭地で、馬や牛を使った開墾も困難だったため、開拓を免れていました。

開発で失われた原野

戦後になると、食料増産と引揚者の受け入れのため原野の開発が加速しました。未開拓だった原野の中心部のボッグは、湿潤で軟弱な地盤であるだけでなく、栄養分に乏しい酸性土壌です。そこで、エキスカベーター（掘削機）や湿地ブルドーザーなど専用の重機が開発され、原野は縦横に排水路が掘られ、土壌改良のために大量の客土がされました。石狩川自体も直線化されて掘り下げられたため、巨大な排水路となって後背湿地の水を抜いていきました。大量の客土は、鉄道やトロッコ、ケーブルカーによって行われ、見る見るうちに乾燥した原野を埋めていきました（写真2～4）。

宮島沼の東側にあった大富原野は、1950年（昭和25年）から始まった美唄市開拓5カ年計画に伴って、市内に残されていた4千haの未開拓だった原野とともに、わずかな期間で農地へと変貌しました。当時の原野を見渡すと、乾燥した泥炭が粉となって舞い、野火が出るといつ

LOVEコメント
3年前に初めて来たときの光景が忘れられません。JRがすぐ近くを通ったのかと思うほどの大音響と黒い大きなカーテンがめくれあがっていくかのような光景。それはガンやカモが一斉に飛び立ったその瞬間のできごとだったのです。こんな宮島沼。好きです。／Reiko.I.　札幌市　60代

写真1 初冬の中村農場（写真1～4=美唄市所蔵）

写真3 高架索道による客土

写真2 戦後開拓

写真5 移転し合祀された大富神社

写真4 入植者の住居

参考文献
矢部和夫・山田浩之・牛山克巳監修（2017）湿地の科学と暮らし―北のウェットランド大全―、北海道大学出版会
開基 100 年記念事業協賛会記念支部編（1993）拓郷百年、大同印刷株式会社

までもくすぶり続けて視界を遮っていたそうです。

石狩川流域に6万haあった湿原は70年までにほぼ消失しました。湿原の変化としては世界でももっとも急速で急激な事例とされています。今では石狩泥炭地の名残りをとどめる湿原はわずか30haほどにすぎず、かつての国内最大の湿原は0.1%以下に減ってしまいました(写真6、7)。

価値ある原野を守る

かつて原野は不毛の地とされて開発の対象となり、実り豊かな大地へと生まれ変わったとされています。しかし現在では、泥炭地は不毛の地などではなく、炭素の吸収と蓄積、水量調整と水質浄化、生物多様性や自然景観などの面において、非常に高い価値を持つ生態系だと評価されています。石狩泥炭地の消失によって我々が失ったものについて多くは語られませんが、泥炭の乾燥と分解に伴い、数千年もの間湿原が蓄えた炭素が大気中に放出され、独自の生態系と生物多様性も失われてしまいました(写真8)。

美唄市内には美唄湿原と上美唄湿原、宮島沼をはじめとする湖沼、防風林に残された湿原の草花など、かつての原野の痕跡を今に残す場所がいくつもあります。しかし、それらの環境は悪化しており、かつての原風景を留める自然遺産として、保全と再生を進めることが急務となっています。

写真6 富樫神社の沼の痕跡

写真7 石狩川の河川敷に取り残された橋

写真8 乾燥した泥炭

LOVEコメント マガン、宮島沼が大好きです!!／匿名

あえぐ宮島沼

牛山克巳

下がる水位

開拓当初の宮島沼について、「先人が開拓に着手したころは周囲四里四方（約40ha）といわれ、水は湧き水で透明、当時は飲料水としても利用されていた」と記録されています。泥炭地の湖沼は、モール温泉と同様に腐植物質を多く含むため、通常はコーヒー色をしています。宮島沼の水が透明だったのは、近くを流れる石狩川の伏流水が湧き出ていたからでしょう。

大正末期（１９２０年代中頃）に周囲の造田が進むと沼の水は茶褐色を帯びるようになったと記録されていますが、同時期に石狩川に小規模な堤防が築かれており、地下水の流れに何か変化があったのかもしれません。１９６０年（昭和35年）には現在の堤防につながる大規模な築堤工事がはじまり、伏流水が完全に遮断されたことから、宮島沼の湧き水は完全になくなったと考えられます。石狩川の承水路（ショートカット）工事が進むと、１９５５年（昭和30年）頃から石狩川の水位が顕著に低下し、宮島沼の水位も徐々に下がりはじめたものと思われます。１９７５年（昭和50年）には宮島沼周辺で道営圃《ほ》場整備事業が始まり、宮島沼が幹線排水路につながれると、宮島沼の水位が一気に低下したといわれています。

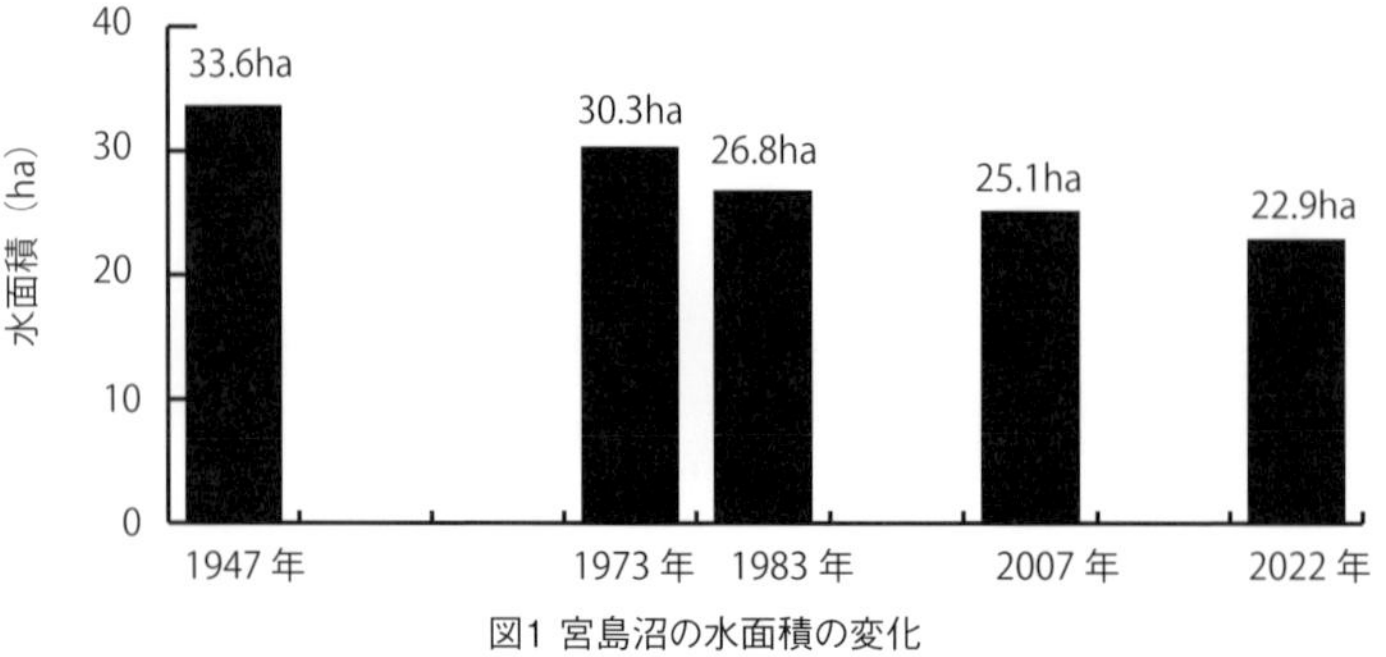

図1 宮島沼の水面積の変化

航空写真から推定した宮島沼の水面積は、73年に30・3haだったものが82年には26・7haになっており、前後の年代に比べて顕著に縮小しています（図1）。同時期に排水された近くの親子沼に至っては73年に4.5haだったものが82年に0.8haとなり、ほぼなくなってしまいました。

濁る沼

宮島沼のような浅い湖沼は、透明な状態と濁った状態のどちらかで安定する特徴を持っています。透明な状態に保つ上で重要な役割を果たしているのが、水中に生える沈水植物です。繁茂する沈水植物が栄養分を優先して利用し、濁りの原因となる植物プランクトンの増殖を防ぎます。根を張ることにより、同じく濁りの原因となる底質（水底の泥など）が撒きあがるのを防ぎます。また、植物プランクトンを餌にする動物プランクトンを魚から守るための避難場所にもなるなど、さまざまな作用により透明な状態に保ちます。

何かの拍子で沈水植物がなくなると、浅い湖沼は一気に濁った状態に移行します。濁った状態では、沈水植物に代わって植物プランクトンが栄養分を優占して大増殖します。底質は固定するものがなくなるので容易に撒きあがってしまいます。濁った状態になると、湖底まで光が届かなくなるなどで沈水植物の生育を妨げるため、透明な状態に戻ることができなくなってしまいます（図2）。

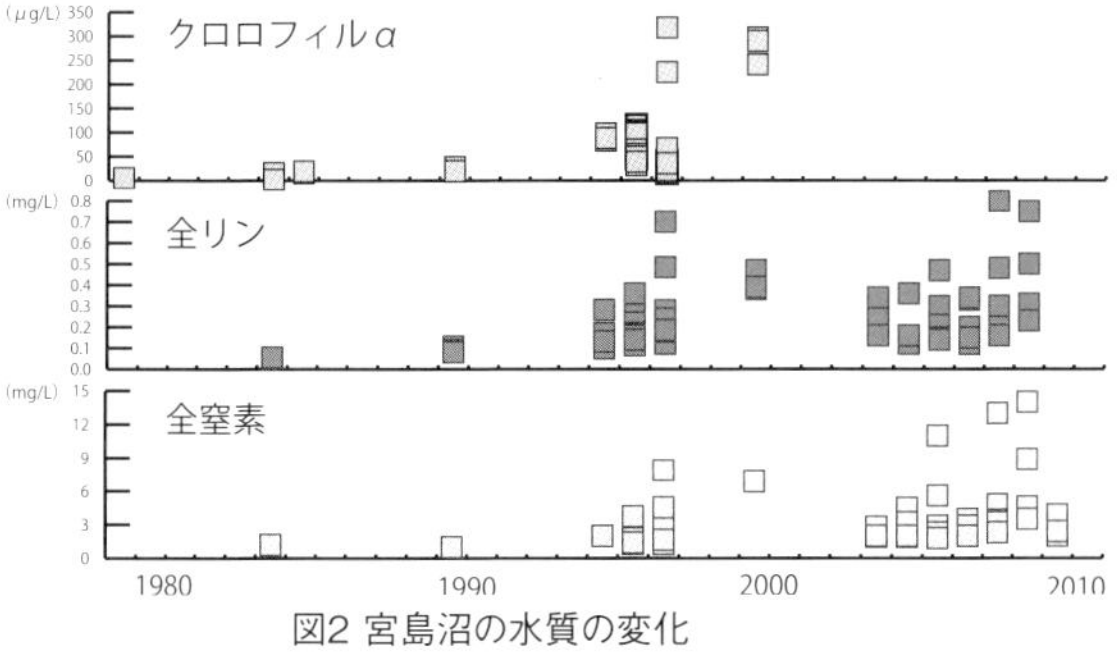

図2 宮島沼の水質の変化

LOVEコメント いつまでもこの環境が残りますように。／H.O.　石狩市　30代宮島沼では1960年代に多くの沈水植物があったことが記録されています。76年の航空写真を見ると、湖岸に沈水植物の群落が写っていて、透明度は高い状態にあることがうかがえます。しかし、この時期から始まった圃場整備事業によって沼の水位が大幅に下がり、代掻《しろか》き時の濁水、化学肥料や除草剤を含んだ農業排水の流入などで、宮島沼は少しずつ濁った状態になっていったと考えられます。

89年から91年にかけては水鳥の鉛中毒対策で湖岸の高圧噴水と小砂利の散布が行われ、衰退に向かっていた沈水植物を一気に消滅させたのではないでしょうか。同時期にマガンの飛来数も飛躍的に増え、排泄物による栄養の負荷も大きくなり、90年代後半に宮島沼は完全に濁った状態に移行してしまいました。

再生に向けて

かつて40haあったとされる宮島沼の水面は、2022年には22・9haにまで縮小しました。79年には最大2.4m、平均1.7mあったとされる水深は、今では湖心部でも50~90cmほどになっています(図3)。かつては透明で飲料水にも用いていた沼の水は濁り、緑色のペンキを流したようにアオコが大量発生するようになりました。水質を維持していた沈水植物など多くの植物や魚はすでに姿を消し、このまま水面積の縮小が続けば、マガンを始めとする水鳥も飛来できなくなってしまいます。

宮島沼には、農業排水路によって周辺農地から大量の土砂と栄養が流れ込んでいま

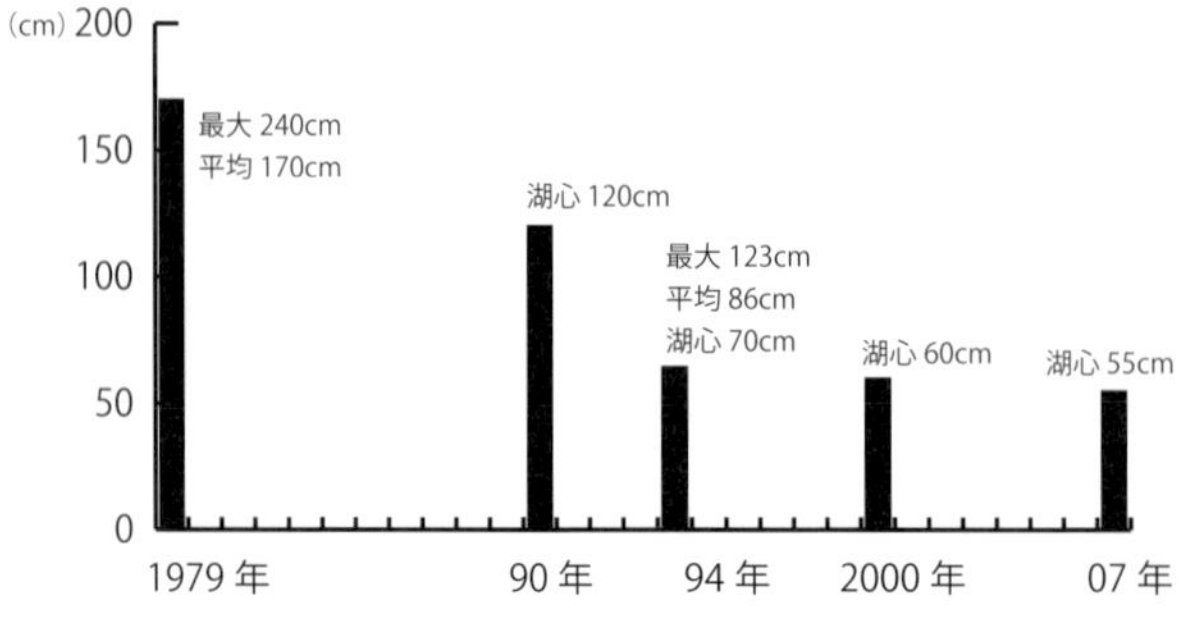

図3 宮島沼の水深の変化(2007年まで)

した。20年には、周辺の圃場整備事業にあわせて宮島沼に流入する農業排水路を迂回させることができ、沼に流入する土砂と栄養を大幅に減らすことが可能となりました。

次に必要となるのは、沼の埋没を防ぐための浚渫《しゅんせつ》です。沼の底質には窒素やリンなどの栄養が豊富に溜まっているため、浚渫を行うことで水質の改善にもつながることが期待できます。12年には浚渫の効果を検証するための実験区を作りましたが(写真1)、水質が安定し、準絶滅危惧種であるイヌタヌキモが大増殖するなど成果も見られています(写真2)。浚渫には多額の費用が必要となりますが、その大部分は浚渫した土の処分にかかるものです。浚渫土を農地に還元するなど有効利用ができればコストダウンができますが、まだ大規模な浚渫を行う具体的な手立てはできていません。

宮島沼の自浄機能を回復させるためには、沈水植物群落の再生も欠かせません。12年に試験的な浚渫を行った際、浚渫土の一部をコンテナにいれて湛水《たんすい》したところ、今では見られないフラスコモが発芽しました(写真3)。

このように、宮島沼の底質には、かつて生育していた沈水植物の種がまだ発芽可能な状態で残されている可能性があります。18年には、陸地化した箇所を掘削して水面を再生し、かつての宮島沼の水環境を小規模ながら再生する試験をはじめました。残念ながら沈水植物の自然発生はみられませんでしたが、近隣の湖沼から採取した植物を増殖する試験を続けています。

写真3 浚渫土から再生した植物

写真2 浚渫実験区に繁茂したイヌタヌキモ

写真1 浚渫実験区の造成

LOVEコメント たくさんまがんたくさんいるね!/ゆう

保全の歩み

牛山克巳

鉛中毒による水鳥の大量死

1989年4月中旬から5月下旬にかけて、宮島沼でオオハクチョウの衰弱が相次ぎ、33羽が死亡しました(写真1)。当初は死因がわからずさまざまな憶測が飛び交っていましたが、回収した死体を検査した結果高濃度の鉛が検出され、鉛中毒による大量死が判明しました。宮島沼では戦後からカモ猟が盛んで毎年多数のハンターが訪れており、湖底や湖岸にたくさんの鉛散弾が蓄積していました(写真2)。ガンやハクチョウは、砂利や小石を砂嚢《さのう》に取り込んで消化の助けにしますが、その際に鉛散弾を摂取し、鉛中毒を発症したものと考えられます。

国内で初めてとなる鉛中毒による水鳥の大量死は世間にも注目され、北海道は宮島沼を猟銃禁止区域に指定する方針を固め、鉛散弾を湖岸付近から沖へ押し出すために水圧ポンプで湖底を攪拌《かくはん》するとともに、水鳥が摂取できる小砂利を散布しました。これに対して地元の農業団体は、水鳥の保護の必要性については理解を示しつつも、禁猟化に対しては、カモの飛来数が増え農業被害につながる恐れがあるとして反対を表明しました。ポンプの使用についても、濁水が発生する上にカモの餌となる水草の成長が妨げられて田畑の食害につながるとして反対しています。実際に、ポンプによる攪拌は水草の生育と水質に影響を及ぼしたと報告されており、宮島沼の水環境悪化につながったと考えられます。

こうした中、翌90年の春にも水鳥の大量死が発生し、オオハクチョウ18羽に加え、コハクチョウ2羽、マガン69羽が鉛中毒のため死亡しました。この両年は例年より沼の解氷が2週間ほど早く、水鳥の滞在期間が長期化したことが大量死につながったと推測されています。当時は宮島沼で水鳥への餌やりが行われていて、餌付けされやすいオオハクチョウは一日中沼に留まるため、特に被害にあいやすかったのでしょう。この年には、北海道は湖底の攪拌と小砂利の散布に加え、鉛散弾の摂取を防ぐため湖岸の一部をネットで覆い(写真3)、翌年以降の水鳥の死亡は概ね10羽以下に抑えられています。

写真1 鉛中毒のオオハクチョウ

写真2 湖岸に残された薬きょう

写真3 湖底に張られたネット

LOVEコメント
シーズンごとのマガンの様子にいつも感動しています。特に霧のかかる沼で羽音だけ聞こえるねぐら立ちはドラミングを聞いているようで迫力がありました。沼が50年先に失くなることを聞き、なんとかこの状態を保ち、後世に残していくことができればと思います。／E.S.　北広島市　70代

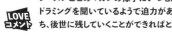

自然と産業の共存に苦心

宮島沼の禁猟区化は見送られましたが、北海道猟友会は1989年の秋から狩猟の自粛を決め、宮島沼は実質的に禁猟になりました。それまで、猟期にあたる秋には宮島沼にマガンはほとんど飛来していませんでしたが、狩猟自粛後にはマガンやカモ類でにぎわうようになり、農業団体が心配していたように小麦の食害が増えました。沼を訪れる人も増えていたことから、「来訪者が田畑に入り畦を壊す」「路上に放置された車でトラクターが通れなくて農作業に支障が出る」などの観光被害も地域の大きな負担となっており、地域の課題に目を向けることなく保護を優先する行政に、地域の不満は大きくなっていました。

こうした事態を打開するため、美唄市は93年にシンポジウム「宮島沼のワイズユース」を開催します。さらに、シンポジウムの議論を受けて、農業関係者、周辺市町村、専門家、一般市民などによる「宮島沼を考える会」を発足させ、自然と地域の望ましい共存の在り方を具体的に見出す作業が行われました。

その後、美唄市は石狩川の河川敷にマガンの採食地を確保する試みを始め、食害の防除資材となるテグスの無償貸与を行っています。また、小麦食害が発生するのは、減反政策に伴ってマガンの餌場となる水田が減ったことが原因であるとして、小麦の転作を緩和する特例措置を北海道に打診するなどしています。

当時北海道は、96年までに宮島沼を道指定鳥獣保護区にする計画を持っていました。一方美唄市は、食害問題が隣接する市町村に及び、それを根本的に解決するためには小麦畑の復田が必要であることなど、宮島沼が抱える課題に市単独で対応するのに限界を感じていました。そこで、道や国の積極的な関与を引き出すための手段として、鳥獣保護区の指定を望んでいました。鳥獣保護区の指定には地域の合意が必要ですが、そのためには地域の課題を少しでも解決しなければなりません。しかし、河川敷にマガンを誘導する試みも空振りに終わるなど決定的な打開策を見いだせないまま、道指定鳥獣保護区の指定は見送られました。

ラムサール条約登録へ

その後、宮島沼は環境庁の国指定鳥獣保護区設定計画に初めて挙げられ、ラムサール条約登録湿地の候補地になりました。そこで美唄市は1997年に地域住民と庁内関係部署による「宮島沼プロジェクトチーム」を発足させ、国指定鳥獣保護区の指定に向けた地域合意の形成を目指します。このころ地域住民の間では、狩猟が自粛されている宮島沼はすでに鳥獣保護区と同じ状況であるという認識もあり、保護区化そのものに対する反対は弱まっていました。

宮島沼プロジェクトチームでは、地域課題の解決や地域振興につながる具体的な対策の提示が争点になりました。美唄市は食害の実態調査を進め、食害対策の独自の取り組みを進める一方で、観光被害への対策として駐車場を整備するなどしています。

また、食害補償と転作緩和について道、環境庁、農水省に要望をあげていますが、環境庁は「復田の話は農水省」とし、農水省は「生産調整は人が食べる米の需給バランスをとることが目的

LOVEコメント
考えてみるとセンター開設直後の2008年からおうかがいしていて、渡り鳥と農業がこんなにやわらかくクロスしているポイントとして沼があることに、ガイドツアーのお母さんたちの食事とともに魅力を感じます。一方で小さく浅くなり続ける宮島沼。旅する鳥と営み続ける人の共生する場として守っていければと思います。／K.M.　札幌市　50代

であり、鳥のための特例措置は本末転倒」などとして対応しませんでした。最終的には市が独自の食害補償対策を策定することを条件に、鳥獣保護区指定に向けた地域合意を得ました。

美唄市は食害補償対策として、食害を受けて小麦畑を廃耕した際に補助金を交付することなどを盛り込んだ「美唄市小麦食害対策事業実施要綱」を策定しました。また市民参加のもとで「宮島沼保全活用計画」を策定し、地域課題の解決と地域振興に向けた取り組みの方向性を示しました。その後、宮島沼は国指定鳥獣保護区の指定を経て、2002年11月18日にラムサール条約湿地に登録されました(写真4、5、6)。

写真4 ラムサール条約登録当時の宮島沼

写真5 登録当時の野鳥観察センター

写真6 ラムサール登録証の授与

研究者たちの貢献

1932年に福岡県で生まれ、53年から美唄市内の中学校で教鞭をとった草野貞弘さんは、美唄の原野の消失を目の当たりにしながら湿原の植物や市内の湖沼について調査を進め、60年代から宮島沼の植物や鳥類についての記録を残しています。鉛中毒による水鳥の大量死が発生する前から、不審な死を遂げるハクチョウやマガンの記録を取り、大量死発生後には的確なアドバイスを行い、モニタリングを継続しました。食害問題などに関しても調査を進めて対策の方向性を示し、70年代から行っていた水鳥の飛来数調査は、宮島沼がラムサール条約に登録されるための重要な根拠となりました。

草野さんは多くの著書も残しました。93年には「宮島沼の会」を立ち上げ、会誌「宮島沼通信」を通じて宮島沼の魅力と課題について広く周知する活動も行っていました。ラムサール条約登録後、宮島沼の会は発展的に解消し、名称と意志を引き継いだ新たな市民団体として生まれ変わりました。

環境保全を進めるためには科学的な知見が不可欠です。宮島沼には草野さんの他にも、ガンとハクチョウの研究をした星子廉彰さん（当時当別高校）、沼の水深や水質を調べた田辺至さん（当時奈井江商業高校）、鳥類の研究者として名高い正富宏之さん（専修大学北海道短期大学名誉教授）と藤巻裕蔵さん（帯広畜産大学名誉教授、宮島沼の会会長）による専門的知見と活動があったことが重要な役割を果たしました。

参考文献
牛山ほか（2014）宮島沼におけるマガン研究と保全管理、湿地研究 5. 5-14.

LOVEコメント **毎年まがんちゃんの渡りの時期が近づくとソワソワします。田んぼの時期もソワソワで、私の歳時記に宮島沼の行事は欠かせません。老後（老中!?）の楽しみ…。50年後も宮島沼が存続できるよう、何か手立てをしてもらえたら…というのが私の念願です。／K.N.　札幌市　60代**

マガンと農業被害

牛山克巳

田んぼから小麦畑へ

マガンはその大きな体を支えるため、限られた時間で効率よくエネルギーを獲得しなければならず、必然的に食物の選り好みが強い鳥です。収穫後の田んぼに豊富に残されている落ち籾《もみ》はエネルギー価が高く、容易に採食できるため、マガンに最も好まれる食物です(写真1)。それに対して、イネ科の雑草やムギなどの葉はエネルギー価がより低く、大量に食べて消化しなければいけないため、比較的効率の悪い食べ物です。

田んぼに落ち籾が豊富にあるうちは、マガンはそれほど歩き回らず、同じ場所に留まってたくさんの落ち籾をついばむことができますが、落ち籾が少なくなると、動き回って落ち籾を探さなければなりません。速足で落ち籾を探すことで、しばらくは落ち籾を食べる効率を保てますが、落ち籾が少なくなると食べる効率は徐々に低下していきます。すると、マガンはまた別の効率のいい田んぼに移り、そこで効率が悪くなるとまた移動し……ということを繰り返し、やがて田んぼでの採食効率は採食地全体で低くなっていきます。

田んぼの落ち籾はマガンやハクチョウが食べることによって徐々に減りますが、田んぼを耕したり、藁《わら》を集めたりする農作業によって大幅に少なくなってしまいます(写真2)。収穫直後に田んぼ1平方メートルに残された落ち籾を、田んぼを起こした後と藁を集めた後で比較すると、

写真1 収穫直後の田んぼには落ち籾が豊富

写真2 稲藁が搬出されると落ち籾も激減する

写真3 ムギを食べるマガン

それぞれ落ち籾が8~9割も減少していました(図1)。こうして田んぼで落ち籾を食べる効率がどんどん下がっていき、ある時点になると、田んぼで落ち籾を食べて得られるエネルギー効率が、他のものを食べて獲得できるエネルギー効率に並ぶようになり、マガンは落ち籾以外のものも積極的に食べるようになります。

越冬地である宮城県の伊豆沼周辺では、マガンは飛来初期には田んぼを利用しますが、やがて大豆畑も利用するようになり、飛来後期には小麦や大麦、時によってはブロッコリーや白菜も食べるようになります。宮島沼周辺では、秋のうちはほとんど田んぼを利用しますが、春になると田んぼの畦や小麦畑を利用するマガンが増えるようになります(写真3)。田んぼの落ち籾や畦草を食べている分には問題はありませんが、成長途中の小麦の葉を食べるようになると、マガンは地域の農家にとって害鳥になります。

「代替採食地」に引き寄せる

春の飛来期の後半になると千羽を超えるマガンが小麦畑で見られるようになり、青々としていた畑は数時間で土の色が目立つようになってしまいます(P91写真4、5)。食害を受ける時期と程度、食害を受けてからの天候や管理方法などにもよりますが、食害を受けると小麦の収量は減少します。試験的に小麦の葉をはさみで切ってみると、葉を除去する時期が遅いほど、また、除去する葉の容積が大きいほど収量が少なくなり、5月上旬に葉のほとんどを切ってしまうと、収量は平均して2割ほど少なくなりました(図2)。

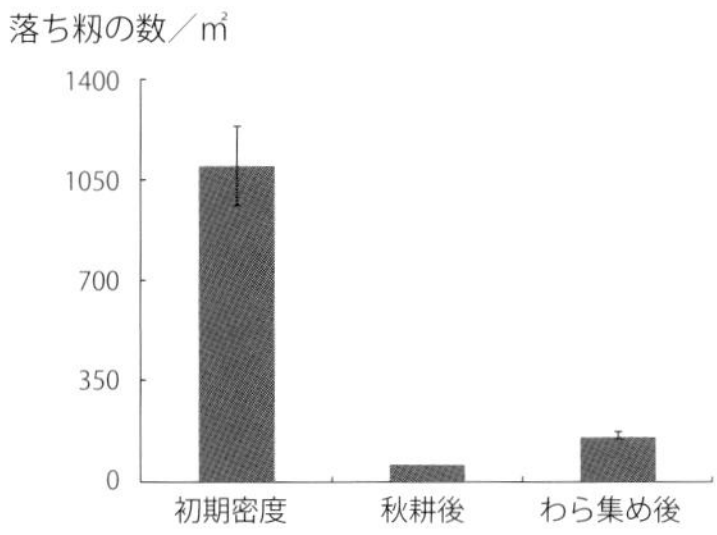

図1 農作業に伴う田んぼの落ち籾密度の変化

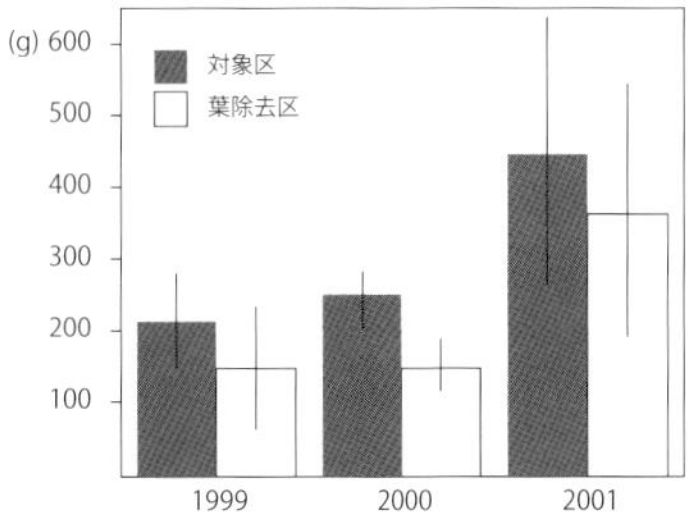

図2 葉の除去による小麦の収量の変化

宮島沼周辺では、食害期になるとあちこちでロケット花火などでマガンを追い払う光景が見られます。小麦畑を追われたマガンは一度は近くの田んぼに避難しますが、様子を見てすぐにまた元の畑に戻ってしまいます。飛び回ったことでエネルギーを消費し、採食の時間も奪われてお腹を減らしたマガンは、小麦の葉を短時間で食べてしまうようになります。小麦畑には、かかし、爆音器、タカ型のカイトなどの防除器具が多く並べられますが、他に食べるものがない状況ではマガンも必死で、すぐに慣れてしまいます（写真6、7）。

このような状況が見られるようになると、マガンが小麦畑の代わりに安心して採食できる「代替採食地」を整備することが有効になります。代替採食地で得られるエネルギーが小麦畑と同じか少し高ければ、小麦畑を追い払われたマガンは継続的に代替採食地を利用し、小麦畑に設置された防除器具も併用することで、小麦食害は軽減できるようになります。

宮島沼周辺では2000年から、美唄市によって試験的に代替採食地が設けられました（写真8）。この時は、田んぼに籾を撒くことで代替採食地にしました。籾の散布後には多数のマガンがやってきて、周囲の小麦食害も抑えられました。しかし、**①春の農繁期に代替採食地を整備しなければならない　②食べ残した籾が田植え後に発芽して品種が混ざる　③費用負担も少なくない**――などの課題が見えてきました。また、食害発生期でもすべてのマガンが小麦を食べるわけではなく、落ち籾が残った田んぼを探して採食するマガンもいます。籾を散布する代替採食地は、こうしたマガンまで引き寄せ、散布した籾が早々に食べ尽くされてしまうという問題もあり、食害を起こすマガンだけを効率よく誘引する方法を考える必要がありました。

写真4 食害を受けた麦畑

写真6 電子爆音器の効果は少ない

写真5 食害を受けたムギ

写真8 代替採食地の設置

写真7 タカ型のカイトも効果はない

LOVEコメント **宮島沼に来て15年ほど。雁を観に。米を作りに。ボランティアで12号線から沼への道に入ると、思わず笑みがこぼれる私がいます。続いてほしい宮島沼。／M.N.　北広島市　後期高齢者になりました**

そこで、13年からは収穫後の田んぼに秋のうちにムギを撒き、春に小麦畑と同じように芽を出させる形で代替採食地を作りました。マガンが食べ残したムギの葉は田んぼにすき込んで土づくりにも役立つと考え、「麦緑肥型代替採食地」、あるいは春にムギが生える田んぼなので「はるむぎたんぼ」と呼んでいます。はるむぎたんぼに集まるマガンは、籾散布型の代替採食地より数は少なくなりましたが、継続して利用するようになり、食害を起こすマガンだけを効果的に誘引できていると考えられました。理屈の上では、食害が発生する面積と同程度のはるむぎたんぼを整備することで、食害の発生を抑えられると考えられます。

地域ぐるみで対策を

代替採食地は、田んぼに落ち籾がなくなってマガンが小麦の葉を食害するしかない状況ができてから行う対症療法ですが、マガンが小麦を食害する状況を作らない予防的な対策も併せて実施することが必要です。食害の予防には、田んぼの落ち籾を減らす農作業を遅らせるか、行わないことが一番ですが、大豆やデントコーンなどの収穫残滓《ざんし》を残したり、畦に除草剤を使わずマガンが好む雑草を生やすことなども有効です。また、小麦は成長するにしたがって繊維が多くなってマガンが消化しにくくなるため、食害発生期までに丈夫なムギを育てることも効果的です。そもそも小麦を栽培せずに済むのであれば小麦食害は発生しないため、小麦に代わって栽培できる特産物を考えるのも得策です。

小麦畑を利用しにくくする防除対策も必要です。これまで小麦畑の防除対策は農家とマガンの「いたちごっこ」でした。タカ型のカイトや高価な電子爆音器はあまり効果がなく、当初は効果的だった畑にたくさんのポールを立てる、軽トラックを置くことなども、今では慣れが生じてしまっています。最近では、畑の周囲に2～4mの高さでテグスを張ることで、降りたり飛び立ったりするマガンを妨害できるため、効果を発揮しています。ただし、隣の田んぼにいたマガンが何かに驚いて飛び立った際にテグスに絡まってしまったことがあり、猛禽類なども引っかかる恐れがあるため、できるだけ目立つテグスにすることが必要です。追い払いにはドローンも有効ですが、実際には車で近づいて追い払う方がよっぽど手間がかかりません。いずれはドローンが自動的に小麦畑にいるマガンを見つけて追い払ってくれるような時代になるかもしれません。

マガンの小麦食害を解決するには、これらの対策をマガンの採食地となっている地域全体で計画的に行う必要があります。例えば、マガンが食害を起こしやすい沼から6㎞圏内で、可能な限り田んぼに落ち籾を残すようにしながら、はるむぎたんぼを効果的に配置し、小麦畑にマガンが入らないよう協力して見回りができれば、小麦食害は効果的に抑えられます。こうした取り組みに、行政職員や市民ボランティアも参加して農家の負担を減らしつつ、はるむぎたんぼやマガンが食べるまで落ち籾を残す田んぼから収穫されるお米をブランド米として売り出したり、補助金の対象としたりすることで農家を支えることができれば、マガンと共生する持続的な地域づくりが可能になります。そうなれば、害鳥だったマガンは、魅力的な産地をつくる益鳥に変わるかもしれません。

参考文献
牛山ほか（2003）行動生態学からみたガン類の保全と農業被害問題、日本鳥学会誌、52, 88-96.
嶋田（2021）知って楽しいカモ学講座―カモ、ガン、ハクチョウのせかい―、緑書房

LOVEコメント **“宮島沼ラムサール条約20周年おめでとう”　宮島沼は未来に残したい大切なふるさとです。大好きな大好きな、大切な大切なふるさとをもっともっともっとたくさんの人に知ってもらいたいです。これからもよろしくお願いします。／劇団シンデレラ　愛知県**

水鳥をドローンで数えよう

近年ドローンが安価に入手できるようになり、環境調査での活用が期待されています。しかし、水鳥など野生動物のモニタリングに定期的に利用されている例はそれほど多くありません。私はドローンで水鳥をカウントするために、宮島沼での撮影を行ってきました。

初めての撮影は2015年秋。熱赤外センサーを使って挑みましたが大失敗で、何も映りませんでした。その後研究費を獲得でき、プレッシャーも増すなか、なんとか17年9月に初めてうまく撮影ができ、感激したことを昨日のことのように覚えています。その後、さまざまな方々の協力を得て撮影を重ね、21年にはディープラーニングによるAI技術を応用し、ドローン画像からマガンを自動でカウントするWebサービス「Goose 1・2・3」を始めました。20万羽もの過去の正解データを学習させたAIに、新たに撮影した写真を読み込ませると、1枚10秒程度でマガンの数をカウントできます。画質が良ければ素早くカウントできる一方、水鳥の種の区別が難しかったり、天候の影響を受けやすいなど課題もあります。

今後は、その場に専門家がいなくてもカウントできるようにするなど、技術の完成度を高めていきたいと考えています。

（酪農学園大学准教授・小川健太=環境共生学類）

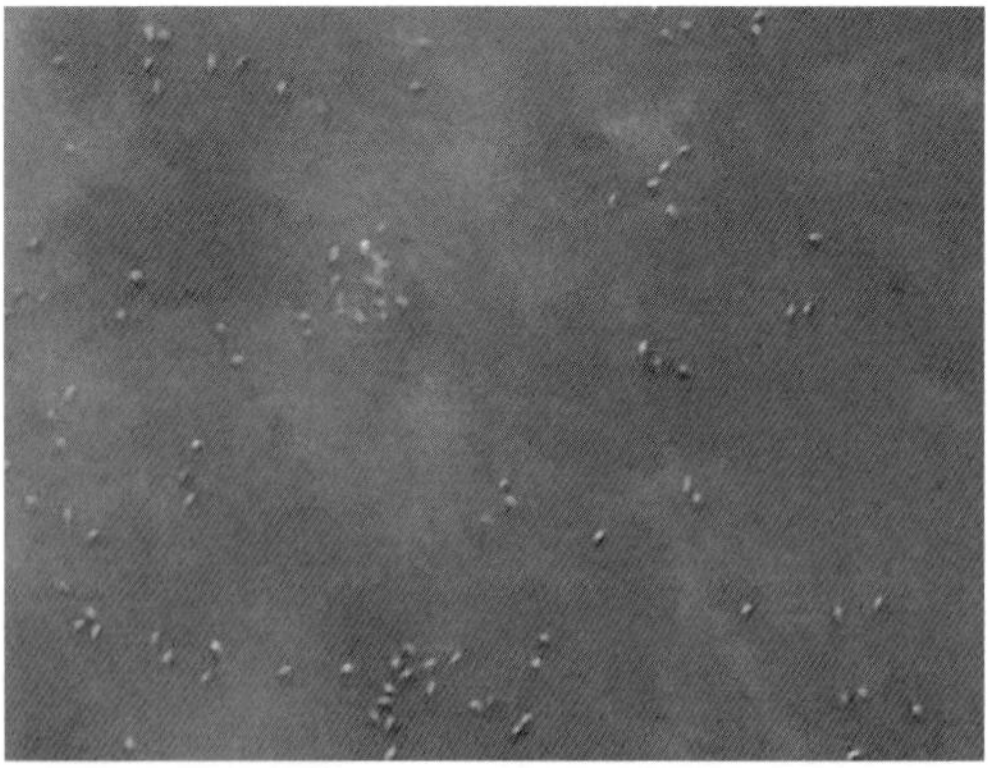

宮島沼で初めて夜間のマガンの撮影に成功（2017/9/22 4:55 AM、日の出約24分前）

第3章

つながる自然、育む未来

宮島沼と周辺湖沼の水質

中谷暢丈
（酪農学園大学教授＝環境共生学類）

石狩川流域には、ラムサール条約の登録湿地である宮島沼に加え、生物多様性の観点から重要度の高い湿地として、環境省の「日本の重要湿地５００」に選定された「石狩川流域湖沼群」があります。これらの周辺は農地に囲まれており、農業用水の水源や農業排水の受け皿、循環灌漑における中間貯留の場であるとともに、ビオトープやレクリエーション空間、遊水地などとして重要な役割を果たしています。

ところが、これらの湖沼のいくつかは富栄養化（自然の状態より栄養分が増えすぎてしまうこと）が進んでおり、季節的に湖面は緑色になることもあります。宮島沼を中心に水質の状態や富栄養化の要因を解説するとともに、周辺湖沼の水質の現状についても紹介します。

下がる透明度

美唄市大富地区の開拓が始まった明治20年代、宮島沼には湧き水があり、沼の水の透明度は高く、飲料水や農業用水に利用されていたといわれています。[*1] そのため、当時の沼の水質はとても良好であったと考えられます。大正末期以降、周辺の農地化が進み、水面の色はやや茶褐色を帯びるようになったとされています。周辺の水田や畑地から流出した土壌粒子などが水色に影響したと考えられますが、当時の化学的な水質は分かりません。[*2]

表1 湖沼の栄養度の分類

湖沼型	全窒素濃度（mg/L）	全リン濃度（mg/L）	クロロフィルa濃度（μg/L）	透明度（m）
貧栄養湖	<0.20	<0.010	<3.0	>6.0
中栄養湖	0.20～0.40	0.010～0.030	3.0～8.0	3.0～6.0
富栄養湖	0.40～1.0	0.030～0.100	8.0～25	1.5～3.0
過栄養湖	>1.0	>0.100	>25	<1.5

出典：北海道環境科学研究センター（2005）

宮島沼の水質は、1979~85年の北海道公害防止研究所による調査によりまとめられています。[*3] それによれば、透明度10mを超える摩周湖や支笏湖ほどの透き通った水ではないものの、水深1mくらいまでであれば水面から沼底が見えるくらいでした。当時は水深約2m付近まで光が届き、沼には沈水植物が繁茂していただろうと予想されます。[*4] また、全窒素や全リン濃度などをみると、富栄養湖に分類されると考えられます（表1）。その後、北海道環境科学研究センターが行った測定結果では、透明度は年々低くなり、富栄養化がさらに進んだ過栄養湖になることもありました。[*5]

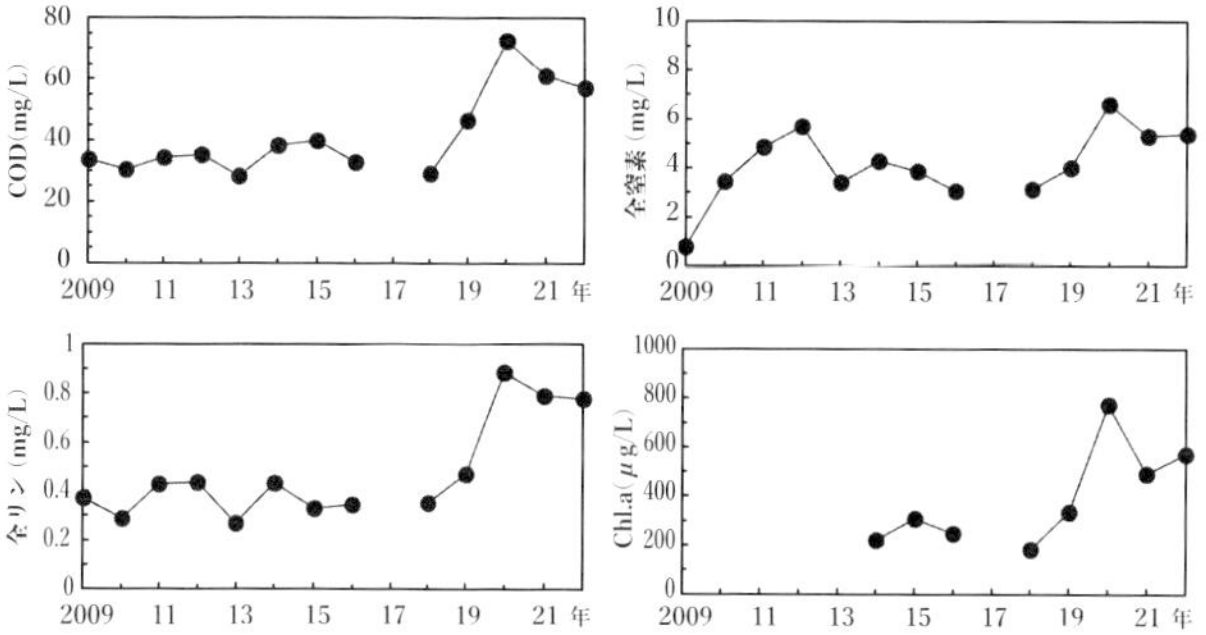

図1 宮島沼（突堤）における水質の2009年から2022年の経年変化（年平均値、Chl.a濃度のみ2014年以降）

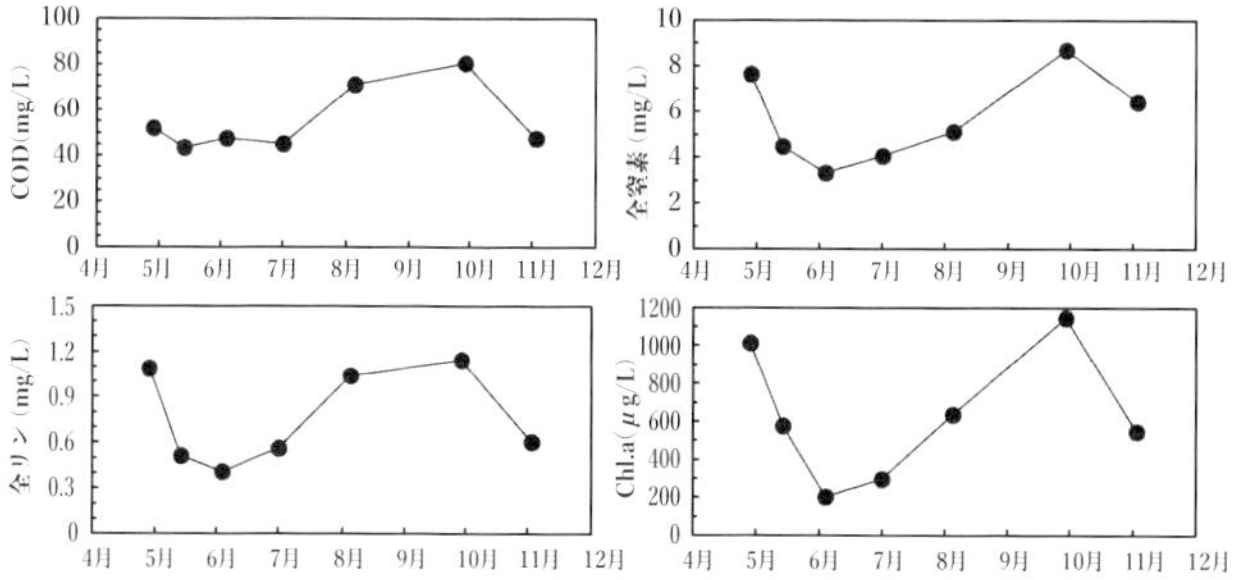

図2　宮島沼（突堤）における水質の季節変化（2022年）

2009年以降、私の研究室では、17年を除く毎年、宮島沼と周辺水域の水質を調査しています。主に有機物量を示すCOD（化学的酸素要求量）の年平均値などで水質変化（図1、2）をみると、09~19年までは、2000年

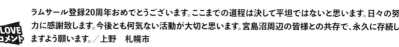

頃とほぼ同じでしたが、20年以降はそれまでの1.5〜2倍ほど高くなっています。最近の調査でも、宮島沼は常に過栄養湖の状態となっています。特に、4月下旬〜5月上旬と9月下旬〜10月上旬にその傾向が強まります。

この時期の突堤付近の水面や唯一の排水路には、緑色をした帯状(写真1)や厚い膜状(写真2)に大量増殖した植物プランクトンが見られます。以前のように透明度が高く、飲むことができた水質でないことは明らかです。

水質悪化の原因

富栄養化とは、水中の窒素やリンなどの栄養成分量が増えていく状態です。貧栄養状態の湖沼が富栄養状態になるまでには、本来長い期間がかかります。しかし、栄養成分の流入量が急激に増加すると湖沼は富栄養化し、これらの栄養成分を利用して植物プランクトンが大量に増殖することで、濃い緑色の水となります。

泥炭から溶け出す水には、褐色の腐植物質である有機物が多く含まれます。宮島沼は石狩泥炭地帯に位置していますが、かつては透明な水であったことから、近隣を流れる石狩川の伏流水が多く湧いていたのではないかと考えられます。その後、周辺の開拓や排水路整備が進むにつれ湧水量が少なくなり、周辺地域から流れ込む腐植物質を多く含んだ浸透水や農地排水に含まれる土壌粒子などにより、水面の色がやや茶褐色を帯びるようになったと考えられます。北海道公害防止研究所の調査結果

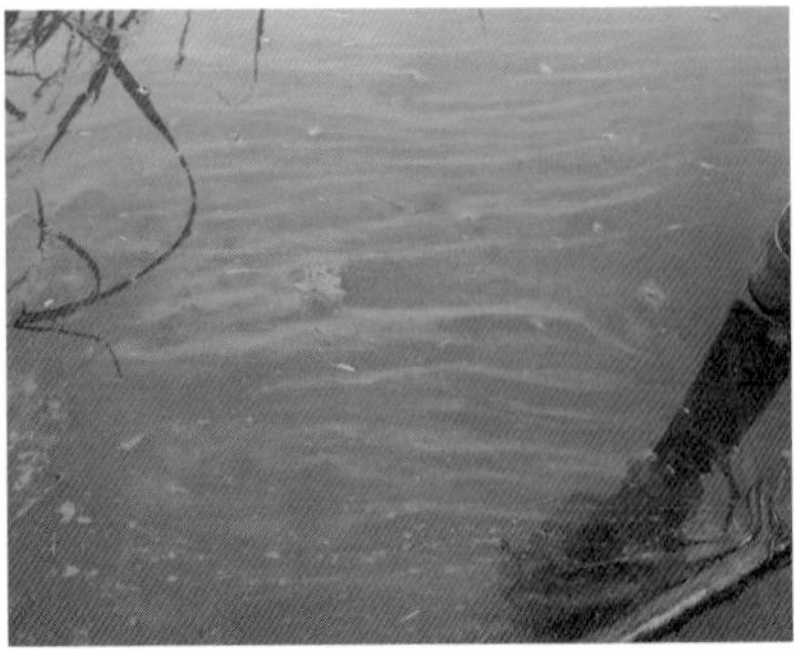

でも、宮島沼は腐植型の湖沼とされており、腐植物質の有機物が含まれるため、沼水のCOD値は元々高かったと考えられます。これに栄養成分の供給が加わって、沼水の富栄養化が起こっていると考えられます。

周辺では稲作や畑作などの農業が行われており、これらの農業排水に含まれる栄養成分が流れ込みます。2008年のデータをみると、雨や地下水を含めた宮島沼に流入する窒素やリンの80%以上は農業排水によるものでした。[*6] また宮島沼の場合、春と秋に多数飛来するマガンなどの水鳥の排泄物に含まれる栄養成分の影響もあります。

さらに宮島沼周辺の大富第4地区では、15年度から22年度にかけて道営事業による圃場整備が進められました。唯一の流入水路に設けられている水門が閉じられた場合、周辺農地からの農業排水は宮島沼を避けて流れることになり、19年度半ばからは沼への流入はほぼなくなりました。栄養成分の流入はなくなったのですが、新しい水が入ってこないと沼水が淀《よど》んでしまいます。結果として濃い緑色の水になり、各水質濃度を増加させます。水門の開閉や灌漑排水路の堰上げによる沼の流出入水の管理方法が、宮島沼の今後の水質に大きく影響するものと思われます。

（右）写真1 宮島沼突堤で見られた帯状の植物プランクトン（2020年9月12日撮影）（左）写真2 宮島沼の排水路で見られた厚い膜状の植物プランクトン（2021年10月9日撮影）

LOVEコメント ここはガンやカモの家なので「いつまでもここにあってほしいな」って思いました。／M.T.　江別市　10代

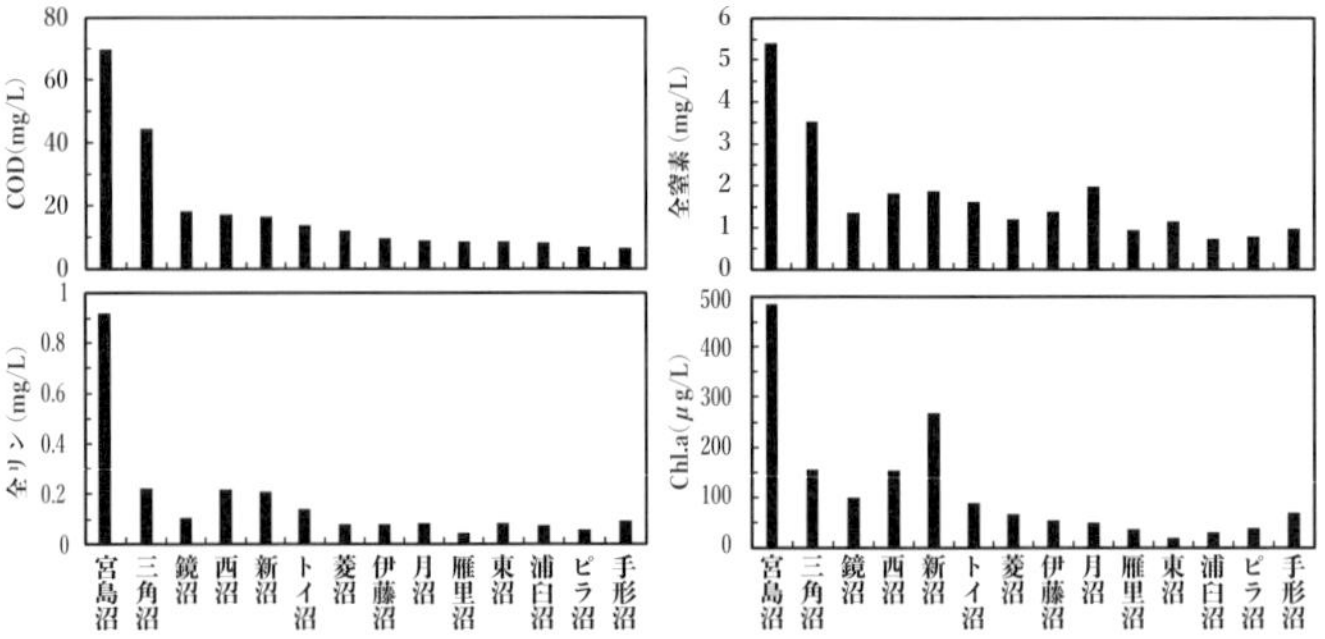

図3　宮島沼と周辺湖沼の水質（2021年8〜10月の平均値）

周辺湖沼の水質

　環境省が国内の重要湿地の一つとして選定した「石狩川流域湖沼群」は、石狩川中流域に位置する河跡湖や旧川からなり、宮島沼、袋地沼、手形沼、三日月沼、浦臼沼、浦臼新沼、茶志内沼などのほか周辺農地も含まれます。これらの湖沼の多くは、周辺地域との水のやりとりのほか、公園や遊水地などとしてさまざまな役割を果たしています。[*7]

　2000年に東沼、西沼、雁里沼、偕楽公園、しのつ湖、菱沼、伊藤沼計7カ所の河跡湖で行われた水質調査では、農業用水源としての利用には問題はないとされていました。[*8] 栄養度は、偕楽公園のみ過栄養湖で、これ以外は富栄養湖でした。私の研究室で21年に行った鏡沼、雁里沼、三角沼、手形沼、宮島沼、伊藤沼、菱沼、東沼、西沼、月沼、新沼、浦臼沼、トイ沼、ピラ沼の計14湖沼での水質調査では、特に濃度が高かった宮島沼を除くと、三角沼、新沼、西沼、トイ沼、鏡沼が過栄養湖で、これら以外は富栄養湖でした（図3）。

　それぞれの湖沼の大きさ、集水域面積や土地利用状況、利用形態、流入河川の有無などが異なるので比較は難しいです

＊6 木塚俊和・山田浩之・平野高司　2012　石狩泥炭地宮島沼の水・物質収支に及ぼす灌漑の影響　応用生態工学　15：45－59.
＊7 山本忠男・長澤徹明・井上京　2002　石狩川河跡湖の利用と周辺農地が水質に及ぼす影響　農村計画論文集　21：157－162.
＊8 山本忠男・長澤徹明・井上京・草大輔　2001　石狩川河跡湖の水質保全機能に関する評価　農村計画論文集　20：49－54.

が、周辺農地面積に占める畑地面積の割合が大きいと湖沼の全窒素濃度が高くなること、公園利用している湖沼では非灌漑《かんがい》期の全窒素濃度が高くなること[*7]から、各湖沼の特性に応じた富栄養化対策が水質維持管理を行う上で必要と考えられます。

貴重な水辺を守るには

宮島沼の水質は、周辺の湖沼と比較しても極端に栄養成分濃度が高く、植物プランクトンの増殖が著しい状態となっています。こうした水質の変化は、開拓を始めてから約130年間で、宮島沼を取り巻く環境が変わってきたことが原因と考えられます。

かつての湧水はなくなり、周辺農地での水の利用方法や管理、排水の流入量などの変化により、宮島沼を元々の泥炭地湖沼に戻すことは難しいと思われます。これ以上富栄養化が進まないようにするには、**①沼内に積み重なった堆積物を取り除く　②渡り鳥の飛来数を制限したり代替地を用意して排泄物を減らし、栄養成分の増加を抑える　③水門や排水路の堰上げなどにより流入水および流出水を適正に管理する**――などの対策が必要です。

宮島沼以外の石狩川流域湖沼群についても、この先宮島沼と同じような過剰な富栄養化が起こらないよう注意し、石狩川流域を彩る湖沼として健全な状態で残していくことが望まれます。

参考文献

＊1 大富連合会記念誌部会　1993　拓郷百年. 開基100年記念事業協賛会　美唄.

＊2 宮内泰介　2009　北海道美唄市大富地区の自然と地域社会：ラムサール条約登録湿地宮島沼の周辺で. 北海道文学部地域科学演習（2008年度）調査研究報告書.

＊3 北海道公害防止研究所　1990　北海道の湖沼. 北海道公害防止研究所　札幌.

＊4 西條八束・三田村緒佐武　1995　新編 湖沼調査法. 講談社　東京.

＊5 北海道環境科学研究センター　2005　北海道の湖沼―改訂版. 北海道環境科学研究センター環境科学部地域環境科　札幌.

LOVE コメント　**田んぼの中に突然現れる沼。決して大きい沼ではないのに、ここに何千ものガンが渡ってくる。奇跡のような場所だと思いました。／A.N.　当別町　60代**

昆虫は原野の生き残り

簗田将一（美唄市役所）

ゲンゴロウやアメンボなどの水にすむ昆虫、いわゆる「水生昆虫」をご存じでしょうか。私たちのおじいちゃんおばあちゃんの世代で、田んぼや池などの水辺が身近にあった人たちには、「昔はよく田んぼでみたよ」「飼ったよ」などという人がいると思います。しかし、これらの水生昆虫は、昔とは違って土地の開発や水辺環境の悪化などで身近に観察できる環境が少なくなってきています。水生昆虫と聞いてゲンゴロウを思い浮かべる人も多いと思いますが、実は、水生昆虫の仲間の多くはゲンゴロウほど大きくなく、ほとんどは体長が数ミリから数十ミリ程度の小さな種で構成されていて、どの種も生態系の中でとても重要な役割を担っています。

水生昆虫とは

はじめに水生昆虫の形態や生態を説明します。水生昆虫は分類学上、生活史のいずれかの段階で水生生活を必須とする昆虫のことをいいます。単に、ある特定の分類群のことを指すのではなく、水と関わる生活史をもつ昆虫を水生昆虫と呼ぶので、その分類も幅広く多様です。

幼虫期のみ水生の種、幼虫期と成虫期ともに水生の種の二つに大きく分けられ、幼虫期のみ水生の分類群としてはトンボ目、カゲロウ目、トビケラ目があり、後者の分類群としてはコウチュウ目とカメムシ目が主に挙げられます。これらはいずれも、水の中で生きるために特化

写真1 ゲンゴロウ

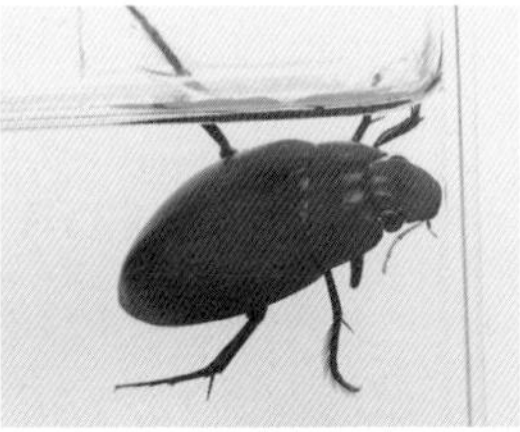

写真2 ガムシ

写真3 コオイムシ

した形態や生態をもっています。

水生昆虫の形態はその生活様式により異なり、ゲンゴロウ科やガムシ科、マツモムシ科、コオイムシ科などの分類群は、水中を遊泳しつつ生活します。これらの昆虫は、泳ぐのに役立つ「遊泳毛」を脚に持っていて、遊泳の得意なゲンゴロウ科で特に発達しています。流線形で、水の抵抗を受けにくい体型をしているのも特徴です（写真1〜3）。

ミズスマシ科やアメンボ科、ミズカメムシ科などの分類群は水面上で生活します。ミズスマシ科は前脚が長く、中脚と後脚は平たくて短く、活発に水面を遊泳します（写真4）。

このほか、ガムシ科の一部やドロムシ科などの分類群は遊泳せず、水中の植物や岩礫《がんれき》（岩や小石）の表面を歩き回って生活するため、発達した脚と爪をもつものが多く見られます（写真5）。

二つの呼吸法と食性

成虫になっても水中でくらす水生昆虫は、他の昆虫と違って長い時間水中に潜れるよう特別な形態を持っています。

水生昆虫の呼吸方法には大きく分けて二つのタイプがあります。一つ目は、水面上の空気を上翅と腹部の間や体の下面にためて呼吸を行うタイプ。二つ目は、体表の細かな毛や構造を利用して空気の膜を作り、水中に溶けている酸素を直接取り込んで呼吸するタイプです。ゲンゴロウ科などではこの二つの方法を使って呼吸します。また、ミズカマキリなどの仲間には、長い呼吸管を水面上に出して呼吸するものもいます。これによって長い時間潜ることができ、天

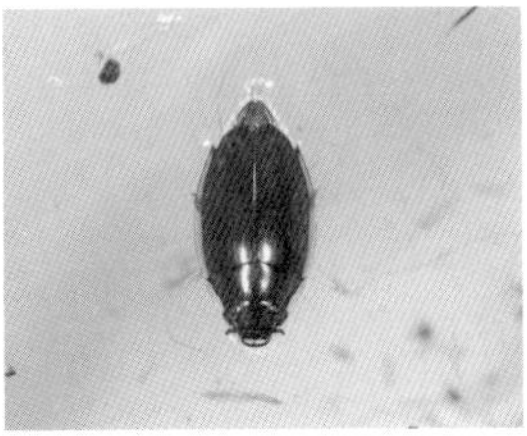
写真4 オオミズスマシ

写真5 ゴマフガムシ

LOVEコメント 自然がとても楽に、楽しく観察できる場所。こういう場所はずっとあって欲しい。／K.N.　美唄市　50代

敵の鳥などから襲われにくくしています。

水生昆虫の食性はコツブゲンゴロウ科、ゲンゴロウ科、ミズスマシ科、カメムシ科などは肉食性、コガシラミズムシ科(写真6)などは植食性です。ガムシ科は、幼虫の時は肉食性、成虫になると植食性になります。

春から夏に繁殖し、成虫で越冬する種が大半ですが、秋に繁殖期を迎え、卵や幼虫で越冬するもの、夏の限られた期間しか成虫が出現しない分類群や、卵の状態で半年以上過ごすもの、決まった生活史をもたないものなどもいます。多くの種は飛ぶことができますが、中には翅《はね》があっても飛べない種もいます。

宮島沼と周辺湖沼の水生昆虫

水生昆虫は、種によって好みの場所や、生活に適さない場所が違います。この性質を利用して水質などの環境を調べるために用いられる生き物を指標生物といいます。そこにいる昆虫を観察することで、水質などの環境を予測することができるのです。

宮島沼や周辺の湖沼で観察された水生昆虫を紹介します。

これまでの私たちの調査で、宮島沼では16科27種、周辺湖沼の鏡沼では14科22種、三角沼では11科23種いることが分かっています。

宮島沼ではコツブゲンゴロウ、コオイムシ、マツモムシ、エゾコガムシがより多く観察されました。ここでは止水域(湖や池、沼などの水の動きの小さい水域)を好む種が多く、ミズムシやマツ

写真6 コガシラミズムシ

モムシ、ヒメゲンゴロウ、マルガタゲンゴロウなどの遊泳の得意な種や、コオイムシ、コツブゲンゴロウ、ミズカマキリ、ヒメミズカマキリなど、植物の豊富な環境を好む種が確認されました。

周辺湖沼の鏡沼と三角沼ではオオルリボシヤンマ幼虫、マツモムシ、コオイムシ、ガムシが共通して確認されました。また、宮島沼と周辺湖沼ともに確認された水生昆虫にはコオイムシ、マツモムシ、ガムシ、ヒメミズカマキリ、ゲンゴロウがいました。

コツブゲンゴロウとマルガタゲンゴロウ

宮島沼と周辺湖沼を比べると、宮島沼にはコツブゲンゴロウ（写真7）がより多く生息しています。コツブゲンゴロウは体長3・8～4・3ミリの水生昆虫で、頭部と前胸背板は黄褐色、上翅《じょうし》は暗褐色で模様はありません。生息環境は、植物の豊富な止水域のやや富栄養な環境を好みます。水質の良好な環境を好むマルガタゲンゴロウ（写真8）も確認されています。体長12～15ミリで前胸背板の前後が黒色、上翅は黒点で覆われており、眼の間にV字状の模様があるのが特徴です。止水域の植物が豊富で水質の良好な環境を好みます。かつてはため池や水田などでよくみられましたが、各地で数を減らしていると言われています。

これらの種は宮島沼と周辺湖沼で確認されていますが、宮島沼では周辺湖沼に比べてマルガタゲンゴロウがかなり少なく、コツブゲンゴロウがより多く観察されました。これは、宮島沼にマガンの排泄物が堆積していることや、周辺農地からの栄養塩の流入などが水質の富栄養化を進めているためと考えられます。

写真7 コツブゲンゴロウ

写真8 マルガタゲンゴロウ

LOVEコメント マガレンジャーはこのあとも「つるい村」とのこうりゅうをふかめたい。／ハチワレ　岩見沢市　10代コツブゲンゴロウやマルガタゲンゴロウのように、それぞれ異なる環境を好む水生昆虫を比較することで、宮島沼のような水環境の〝いま〟を知る手がかりとなります。

水生昆虫と宮島沼の未来

宮島沼周辺の原野は、1920年頃から、石狩川の治水事業とともに排水路の建設や治水を目的に蛇行河川を直線化したり、客土などの土地改良が進んだりしたため湿原が徐々に消滅し、水田をはじめとする農業地帯に生まれ変わりました。原野に生息していた水生昆虫は宮島沼や周辺の湖沼で生き残っていると考えることもでき、個体数が減少している水生昆虫も観察されていることから、今後も宮島沼周辺の地域全体を保全することが重要になってくると思います。

暖かい日に近くのため池や田んぼをそっとのぞいてみましょう。水面にゲンゴロウの仲間が呼吸をしにきているかもしれません。水面には、せわしなく泳ぐミズスマシの仲間がいるかもしれません。はたまた、水中には、ガムシの仲間が植物にしがみついているかもしれません。水の中を見てみると「こんなにたくさんの虫がいるんだ!」と気付かされることでしょう。皆さんが水生昆虫に少しでも興味を持って、宮島沼の未来について考えていただけたらうれしいです。

宮島沼と周辺湖沼の水草

片桐浩司
（帝京科学大学講師＝自然環境学科）

水草（水生植物）は、陸上の高等植物にはみられない特殊な生活史、生存戦略をもつ高等植物のグループです。このグループに属するほとんどの種は、湖沼や河川、水路などに生育しています。ここでは、水草の特性や生育環境の現状を紹介し、保全について考えます。

水草とは

水草は、生育する場所の水深によって、抽水植物、浮葉植物、沈水植物、浮遊植物の四つに分類されます。[*1] 水草のうち、スギナモやササバモ、ミズハコベなどの一部の種は浮葉形と沈水形といった複数の生育形を取ることができます。これらの種は、水深に応じて形や厚さの異なるまったく別の葉（異形葉といいます）を新たに出すことで、短期的な水位変動に適応しています。「水域」という変動の大きい環境で生き延びるための水草の特性のひとつと言えるでしょう。

また、一生を水中で過ごす沈水植物は、水中もしくは水面という受粉機会の少ない環境に適応するために、陸上植物にはみられない特殊な方法で繁殖します。そのひとつが「切れ藻」です。

切れ藻は、ちぎれた植物体の断片であり、水流や風の動きによって下流や岸へと運ばれ、流れ着いたところで不定根を出して定着します。受粉によらない無性生殖の一種であり、ちぎれ

LOVEコメント　まがんのシーズンだけが宮島沼ではないので、四季おりおりの色あいをこれからも楽しみ続けたいと思います。／A.M.　札幌市　50代

た植物体はもとの個体のクローンです。オオカナダモやコカナダモのような外来水草は、この切れ藻によって分布を大幅に拡大させています。[*1]

著者らによる揖斐川（岐阜県から三重県を流れる一級河川）の調査では、ササバモ、クロモ、コウガイモ、ホザキノフサモなどの在来の沈水植物が、切れ藻によって流入河川から本川へと流れ出し、分布を拡大していることが確認されています。さらにヒシのなかまのように、果実表面の突起（刺）が水鳥の体毛に引っかかり、季節の渡りによって遠方へと分布を拡大することも知られています。

悪化する生育環境

これらの特性は、水草が水に覆われた限られた空間に適応し、生き残るために獲得してきたものといえるでしょう。しかしこうした巧みな戦略にもかかわらず、近年、水草とくに沈水植物が生育できる水域の多くが急速に失われています。

国内の多くの湖沼では、年間を通じて高めの湖水位管理や富栄養化の進行によって光環境が悪化し、沈水植物の大部分が消失しました。[*2]河川でも同様に、氾濫原（洪水時にあふれた水によって浸水する範囲）の宅地化や、農地化に伴う埋め立てなどによって、沈水植物が生育する小規模な水域の多くが失われました。[*3]その結果、国内における在来の沈水植物の自生地はきわめて限られることになりました。さらに北日本以外の地域では、アクアリウムでの鑑賞用もしくは教材用として導入されたオオカナダモなどの外来水草が近隣の河川や池に流出し、その旺盛な生長・繁殖特性により開放水面を埋め尽くす事例が報告されています。

ここで東京都の井の頭池を例に、外来種の異常繁茂について紹介します。井の頭池では、2013年から17年に実施された3回の「かいぼり」（池の水を抜いて池干しを行う）によって、休眠していた希少な沈水植物（ツツイトモ）と車軸藻類（イノカシラフラスコモ）の埋土種子（埋土卵胞子）が発芽し、一時は池全体に広がりました。しかしその後、東京都によって「かいぼり」が行われなくなると、外来種のコカナダモがわずか2年という短期間のうちに池全面を覆い尽くしてしまいました（写真1）。水面全体がコカナダモに覆われたことで、2種（ツツイトモとイノカシラフラスコモ）の繊細な希少種は姿を消しました。この間、水草を刈り取る大型の藻刈り船などが導入されましたが、異常繁茂したコカナダモの除去には役立ちませんでした。その後、2023年にはコカナダモは縮小したものの、緑藻類や、淡水赤潮を引き起こす渦鞭毛藻類のケラチウム属が異常発生するなど、池の環境悪化は確実に進んで

写真1 井の頭池を覆うコカナダモ（2021年9月）

写真2 井の頭池における緑藻類の異常繁茂（2022年8月）

LOVEコメント
昭和20年後半から35年までこの沼と菱沼でよく釣りをした思い出があります。今はマガンの寄留地として管理されていることをうれしく思います。16年ぶりにたずねました。旧盤の沢生まれ。／早坂誠　大阪府箕面市　80代

います（写真2）。

全国の沈水植物の状況を調べた結果、在来の沈水植物群落が維持されるためには、中小規模の撹乱《かくらん》（洪水などによって植生の一部が壊されること）の存在が重要であることがわかってきました。湧水の湧出や河川水の流入、潮の満ち引きなどが中小規模の撹乱として位置づけられ、水の交換や堆積物が流れ出すことで環境がリセットされます。こうした環境のリセットが、沈水植物の継続的な生育にとって極めて重要であると考えています。

残された豊かな水草環境

石狩川は流路延長268㎞の全国で3番目に長い一級河川です。石狩川の中流～下流域には、宮島沼をはじめとする多数の湖沼が点在しています。これらのでき方はさまざまで、洪水時に湾曲部分が直線化することにより取り残されてできた河跡湖（東沼、菱沼など・写真3）や、流路変更によって人為的に切り離されてできた河跡湖（雁里沼、北光沼など・写真4）があります。[*5] このほか、かつての流路ではないが、河川の浸食作用によって形成された水蝕湖（鏡沼など・写真5）も分布しています。[*6] 多くは成立後、70年以上が経過した湖沼です。[*5]
2020年から、札幌市立大学名誉教授の矢部和夫さん、宮島沼水鳥・湿地センターの牛山さんと加藤さん、ドーコン（札幌）の櫻井さんとともに、これらの湖沼群と農業排水路における水草の分布と生育環境の調査を行っています。石狩川の湖沼群は、そのほとんどが水田や畑地などの農耕地内に分布していることから、当初は富栄養化が進み、除草剤などの影響もあって水草が生育しにくくなっているのではないかと考えました。

しかし、調査の結果、八つの河跡湖で27種、六つの水蝕湖で38種、成因不明の月ヶ湖（大沼、小沼）で24種もの水草の生育が確認されました。農業排水路（4地区）は、そのほとんどがコンクリート製であるにもかかわらず、31種もの水草が確認されています。確認された種を河川の水草と比較すると、河跡湖、水蝕湖、成因不明の月ヶ湖、農業排水路のいずれにおいても、3割程度が河川にはみられない種で構成されていました。確認種のうち沈水植物は、ミゾハコベ、ホザキノフサモ、フサモ、ミズハコベ、クロモ、エゾヤナギモ、エビモ、センニンモ、ホソバミズヒキモ、リュウノヒゲモの5科10種であり、豊かな沈水植物の環境が残されています。

写真3 菱沼（自然短絡で形成された河跡湖）

写真4 北光沼（人為的な流路変更によってできた河跡湖）

写真5 鏡沼（水蝕湖）

LOVEコメント　マガンさんと今年もとても素敵に出会いました。幸せな経験をさせていただきありがとうございます。60歳の誕生日の記念になりました。／たけしの母　札幌市　60代／たけし　札幌市　10代また調査対象の農業排水路の一部は、コバノヒルムシロ（写真6）の道内における唯一の自生地です。さらに調査地域は、エゾベニヒツジグサ（写真7）の国内南限地となっています。このように、石狩川の湖沼群や農業排水路には、現在も多様で周辺では見ることのできない水草が残されていることがわかりました。豊かな水草環境が残っている今、積極的に調査、保全すべき対象として位置づけていくことが必要です。

沼の再生

最後に宮島沼の水草と沼の再生について述べます。調査記録によれば、宮島沼ではこれまでに、21科42種の水草が記録されています。[*7] 1960年代の調査では、沈水植物としてバイカモ、ミゾハコベ、タチモ、フサモ、ミズハコベ、クロモ、セキショウモ、エビモ、ホソバミズヒキモの7科9種が記録されており、湖内にも豊かな沈水植物環境が残されていたことが伺えます。しかし直近の2005～09年の調査[*7]では、沈水植物はホソバミズヒキモ1種のみとなっており、しかもその分布は西岸の一部に限られていました。宮島沼の湖内の水環境の悪化が進んだと考えられます。

沼の水草帯を再生させる手立てとして、沈水植物を近隣の別の場所から採取し、沼に導入する方法が考えられます。しかし、水環境が1960年代とは大きく異なっていることから、容易に定着には至らないことが想定されます。このため2021年から、沼北岸の湖水の及ばない範囲に設置された二つの掘削区に、近隣の鏡沼から採取した4種（センニンモ・写真8、マツ

写真6 農業排水路に群生するコバノヒルムシロ

写真7 エゾベニヒツジグサ（国内南限地）

モ、イヌタヌキモ、クロモ)を移植する試験を、宮島沼水鳥・湿地センターとともに行ってきました。23年の調査では、クロモを除く3種の定着が確認され、イヌタヌキモでは開花もみられました。3種のうち、センニンモは沈水植物であり、宮島沼における沈水植物再生の第一歩となりました。

また湖内では、センター近くの南岸の掘削実験区(13年造成)でイヌタヌキモ開花個体の群生が確認されました(写真9)。この掘削実験区は沼の一部であり、イヌタヌキモは宮島沼本体の一部に生育しています。周辺は抽水植物のヨシやマコモに囲まれており、日常的な水交換はなされるものの、波浪による群落の破壊や、底泥の巻き上げによる濁りが発生しにくいため、イヌタヌキモが湖内でも生育・繁殖できたと考えています。

今後も掘削区を含む宮島沼全域と、石狩川湖沼群における水草の生育状況を定期的に確認し、石狩川流域の水草の保全・再生に積極的に取り組んでいきたいと思います。

写真8 掘削区に定着したセンニンモ

写真9 宮島沼南岸の掘削実験区と、群生するイヌタヌキモ開花個体

＊1 角野康郎（2014） ネイチャーガイド 日本の水草 326pp. 文一総合出版
＊2 尾﨑保夫・林紀男・片桐浩司（2017）水環境の保全をめざした沈水植物再生の取り組みと今後の課題 日本水処理生物学会誌 第 53 巻 3 号 p.1-13
＊3 永山滋也・原田守啓・萱場祐一（2015）高水敷掘削による氾濫原の再生は可能か?～自然堤防帯を例として～ 応用生態工学 17(2) p.67-77
＊4 Ponnamperuma FN (1972) The chemistry of submerged soils. Adv Agron 24:29-96
＊5 林田寿文、平山明、上田宏（2010）石狩川旧川群の魚類相の変遷と移入種の影響について 水工学論文集 第 54 巻 p.1261-1266
＊6 田中正明（2004）日本湖沼誌Ⅱ 396pp. 名古屋大学出版会
＊7 山崎真実（2012）宮島沼の水生植物 みんなでマガンを数える会 25 周年記念誌（牛山克巳編）p.53-57

かつての大湿原を植物がつなぐ
―宮島沼・防風林・美唄湿原―

新田紀敏
（北海道立総合研究機構林業試験場研究員）

石狩平野に広がっていた大湿原は明治に始まった開拓により姿を消し、かろうじて名残りが点在する状態になってしまいました。それが宮島沼や美唄湿原です。この二つは約7㎞を隔てて孤立しているように見えますが、その間には耕地防風林があり、現在でも地面に座るとお尻がじっとり濡れるほど地下水位が高く、落葉層の下には泥炭が厚く積もっています。

宮島沼―美唄湿原間の防風林はひと続きになっているわけではありませんが、連続的に配置されているので、西側の石狩川から東側の丘陵地へ向かって少しずつ変わる環境に応じたさまざまな植物が見られます。宮島沼―防風林―美唄湿原をひと続きの植生帯として捉え、周辺の農地に張り巡らされた排水路なども含めて、そこで生育する湿生植物を中心に紹介します。

開拓と防風林

美唄市は空知地方・石狩平野の中央に位置し、西側の平地はほとんどが農地で自然な植生はないように見えますが、衛星写真で見ると、宮島沼の周囲、美唄湿原に草原性の植生が広がり、防風林にも森林性の植生があることがわかります。中でも国有の防風林は規模が大きく、幅80ｍ、長さ20㎞以上もあります。防風林は植林地ですが、その歴史は古く、数十年間も人

写真1 1947年撮影の大富地区航空写真(国土地理院所蔵)。中央に大きな湿地が残されており、防風林の帯が横切っている。左端は宮島沼

の手が入っていないため、植えられた木の下に自生植生が見られる貴重な自然になっています。

かつての大湿原、美唄原野の開拓は明治半ばに始まり、1900年頃から本格的に行われるようになりました。1940年代までは過湿な原野が点在していて、[*1] 1947年に撮影された航空写真を見るとかなり大きな原野も残されています。そこにも既に防風林の帯が見えます(写真1)。

美唄の防風林は、明治の開拓に当たって238haあまりが区画されていました。規模の大きな防風林は、農地を作ってから植えられたのではなく、湿原・原野の中に木を植えたところが多いようです。やがて木は育って森林になっていくのですが、その周辺や木が育たなかった場所には湿原や原野の植物が残され、今も面影が残っています。その代表的な場所が宮島沼近くの大富地区にあります(写真2)。

防風林と周辺の植物

これまでの調査で、防風林では285種類の植物が見つかっています。[*2] これに宮島沼や防風林周辺の路肩、排水路などを含めると、抽水植物や農地雑草などが加わって405種類になります。[*3] また、高層湿原を含む美唄湿原では196種類の植物が確認されました。[*4] 宮島沼から防風林をたどって美唄湿原に至る地域では、重複を除いて461種類の植物が自生していることがわかりました。

写真2 大富地区の現在の防風林。湿地だったところは今も木の成長が悪く樹高が低い(左側)

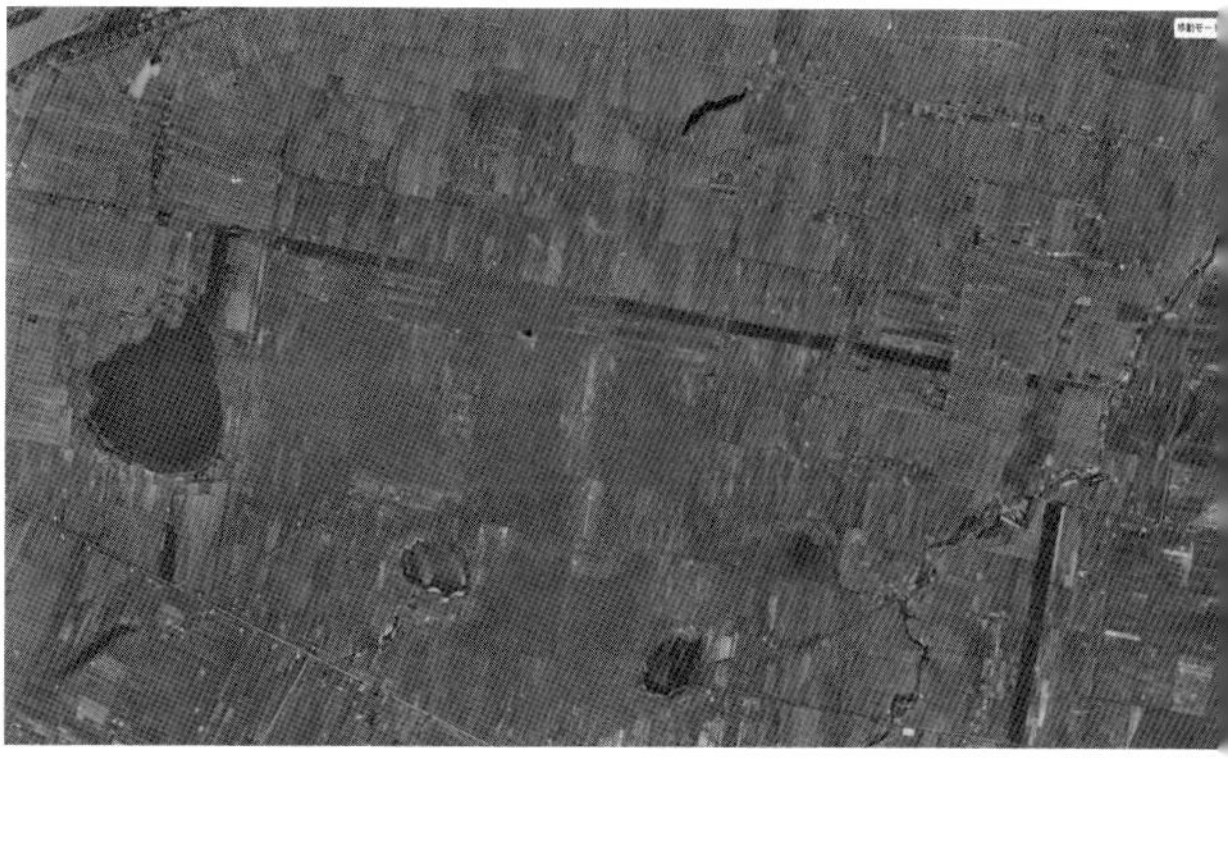

北海道では平地の植物を調べた報告が少なく比較は難しいのですが、優れた自然が残されている野幌森林公園では380~567種類となっています。これと比べて美唄の461はかなり大きい数字と言えるでしょう。防風林は極端に細長いため森林内としては比較的日当たりが良く、また林に沿って掘られた排水溝が詰まっていたり埋まって浅くなったものも多く、それが湿地化して植物の多様性が高まっていると考えられます。

植物の種類と環境

この地域でよく見られる植物を科ごとの種類数で示しました（表1）。圧倒的に多いのがキク科とイネ科の植物です。そもそも種類が多いこともありますが、多くの外来種が両科であることも影響しているでしょう。イネ科に次ぐのがバラ科で、防風林では結構な割合を占めます。特徴的なのがスゲの仲間を含むカヤツリグサ科です。防風林ではそれほど多くありませんが、周辺を含めると急増し、湿原ではキク科に次いで多いことから数を伸ばします。

この数字から、日陰が多い防風林ではバラ科、アブラナ科が比較的多く、明るいところではイネ科、タデ科が多くなり、湿った場所ではカヤツリグサ科が多いという傾向がわかります。キク科はどこでも満遍なく数多く出現するといえるでしょう。

美唄市内の平野部は、開発が進んでいることを反映してか希少種はあまり多くはありません。防風林では6種、美唄湿原では5種です（表2）。どの種も、現状では突然絶滅するような状況にはなく、生育環境も比較的安定しています。これらの希少種を含めた多くの植物が生き続け

表1 科ごとの構成種類数

	防風林	防風林 +周辺	防風林+周辺 +美唄湿原
キク科	31	40	46
イネ科	17	38	40
バラ科	16	18	19
アブラナ科	11	12	12
タデ科	10	15	16
カヤツリグサ科	6	24	30

（新田2015,2017,2021より作成）

表2 美唄市内の平野部でみられる希少種とレッドリストのカテゴリー

防風林	（環境省）	（北海道）	美唄湿原	（環境省）	（北海道）
ミズアオイ	NT	Vu	サワラン	–	Vu
クロバナハンショウヅル	VU	–	カキラン	–	Vu
クロミサンザシ	EN	Cr	トキソウ	NT	Vu
オオバタチツボスミレ	NT	–	ホロムイツツジ	EN	–
チョウジソウ	NT	Vu	ホロムイリンドウ	–	R
タヌキモ	NT	R			

られるよう保全していくことが重要です。

一方この地域には多くの外来種が侵入しています。しかし、外来種で湿った環境を好むものは少なく、湿生植物にとって脅威となるものは多くはありません。それでも幅広い環境に適応し、大群落を作るオオアワダチソウとオオハンゴンソウ（P38、49）は非常に厄介な存在です。これといった有効な対策もなく、侵食が続いているように感じられます。考えられる対策としては土壌の湿潤性を保つこと、ある程度木を育てて日陰を多くすることが有効と思われます。日陰は在来植物も衰退させる可能性があるのでバランスが難しいのですが、夏に一面黄色い花が咲き乱れるという光景は避けたいものです。大富原野の森では市民による外来種の抜き取りも行われています。

美唄の湿生植物

かつての大湿原を思わせる主な湿生植物を生育環境ごとに紹介します。

●宮島沼と一部のため池

宮島沼の岸近くの浅瀬には、マコモ、フトイ、ドクゼリなどからなる抽水植物が群生しており、その中にはショウブやヨシなども見られます。岸側にはヨシ、クロユリ（P39）、オオマルバノホロシ、ミゾカクシ、オカトラノオなどが見られます。水面にはヒシ（P39）が浮いています。宮島沼にはかつてもっと多くの水草が見られましたが[*5]、水質の悪化などにより現在はヒシばかりが

LOVEコメント　ものすごく多くのマガンが一度に飛ぶのをたまたま見ることができました。「どどー」とすごい音がして、貴重なものを見ることができてうれしかったです。娘も喜んでました。ありがとうございます。／とーちん

目立ちます。近くの沼やため池ではコウホネ(またはホッカイコウホネ)やミツガシワが見られるところがあります。

●**過湿な泥炭上の疎林**

樹木の成長が悪く、草原的な場所には春先、ゼンテイカのお花畑が広がります(P15)。コバギボウシ、エゾノサワアザミ、クサレダマなどが次々と花を咲かせます。クロミサンザシ、クロバナハンショウヅル(写真3)、エゾリンドウ、ヤチヤナギなども見られます。少し窪んだ場所には水が溜まり、水辺を好むカサスゲ、ムジナスゲ、カキツバタ(P15)が、泥の上にはオモダカ、サジオモダカが生えます。

●**防風林の湿った林床**

乾いた場所はササ原になっていることもありますが、湿っているとさまざまな植物が見られます。シダ植物では、場所によってヤマドリゼンマイが繁茂し、ニッコウシダも広く見られます。オオバナノエンレイソウの大群落が見られる場所もあります。オオバタチツボスミレやチョウジソウ(P39)といった希少種も咲きます。ズミ、ノハナショウブ、カンボク、クサレダマと春から順に花が見られ、夏にはバイケイソウ、コバイケイソウ(写真4)が目立ちます。

●**水田の水抜き後に出現する排水溝の底泥**

夏、水田の水が抜かれると、水路の底にたまった泥が現れます。そこではオモダカがいち早く花を咲かせ、ヒロハホシクサ、ミゾハコベ、チョウジタデ、イボクサなどが出てきます。

●**美唄湿原(高層湿原)**

参考文献
＊1 美唄市百年史編さん委員会　1991　美唄市百年史通史編　美唄市
＊2 新田紀敏　2015　美唄市南部耕地防風林の植物　旭川市北邦野草園研究報告　3：25—35
＊3 新田紀敏　2021　宮島沼と防風林　春の花　エコ・ネットワーク
＊4 新田紀敏　2017　美唄湿原の植物相　旭川市北邦野草園研究報告　5：37—45
＊5 山崎真実　2012　宮島沼の水生植物　みんなでマガンを数える会 25 周年記念誌：53—57

ここはラン科、カヤツリグサ科、ツツジ科に特徴があります。春から初夏にかけてトキソウ、サワラン、カキランなどの華麗なランが次々に咲きます。ツツジ科は早春からホロムイツツジ、ヒメシャクナゲ（写真5）が咲き始め、イソツツジ、ツルコケモモと続きます。カヤツリグサ科は地味ですが、ワタスゲ（写真6）は春の湿原の主役です。

石狩平野では、美唄湿原のようにかつての大湿原がそのままの姿で残っているところはほんのわずかで、湿生植物たちの子孫はかろうじて沼の周囲や湿った防風林に生き続けていました。開発し尽くされたように見える美唄市の低地でも、宮島沼―防風林―美唄湿原を結ぶ回廊は植物の多様性が高く、貴重な自然です。しかし宮島沼は人間の活動も影響して浅くなりつつあり、不変ではありません。防風林はそもそも人間が植えたもので、人工的な環境に囲まれているため、全くの自然な状態が続くとは考えられません。人工的に管理する必要もあります。

それでもここは地域の宝物です。所有者と地域の人たちが話し合いながら、少しでも良い状態で将来へ引き継いでいきたいと思います。

（右上）写真3 クロバナハンショウヅル（キンポウゲ科）の花と実　（右下）写真4 コバイケイソウ（シュロソウ科）の花　（左上）写真5 ヒメシャクナゲ（ツツジ科）の花　（左下）写真6 ワタスゲ（カヤツリグサ科）の実

「みやぷら」が育む未来

牛山克巳（宮島沼水鳥・湿地センター）

消えたバケモノ池

今から150年ほど前まで石狩川流域にあった国内最大の湿原は、明治以降、特に戦後になって急速に姿を変え、その99・9％が失われてしまいました。「不毛の地」とされて開発の対象となったことが大きな理由ですが、開拓当時から人々は湿原のめぐみを受け取って暮らしていました。

原野で実をつけるヤチフレップ（ツルコケモモ）やヤチイチゴ（ホロムイイチゴ）は開拓農家の貴重な食糧源であり、泥炭地の茶色い水を汲んでいれたお風呂は、腐植質を多く含むモール泉と同様に肌によく、湯冷めしなかったといわれます。宮島沼の水は、湧き水があり透明だったため、当時は飲料水として貴重でした。周囲で造田が進むと、沼の水をくみ上げて利用するようになり、その水は石狩川より水温が高くイネの生育がよかったとされます。また、洪水が身近な自然災害だった時代、増水した時に宮島沼が水を貯留する役割を果たしていたほか、炭鉱最盛期の頃は大型バスで炭鉱夫が釣りに訪れるなどレクリエーションの場としても機能していました。

1919年（大正8年）に出された「北海道における天然記念物」という調査報告書には、「美唄原野の一部」が保存すべき場所として推挙されています。具体的な場所も記されており、美唄駅より西に約一里弱（約4㎞）進んだ北側の俗称「バケモノ池」を含むミズゴケ泥炭地とあります。

過去の航空写真を見てみると、バケモノ池は南北700ｍほどの細長い沼で、92年の航空写真を最後に姿を消していました。バケモノ池の名の由来は、「岸と水辺の境が定かではなく、底なしのヤチマナコも多くあったから」などとされていますが、本当の名前を「宝沼」といい、ツルコケモモの生育が旺盛で、増水時には大量の水を貯留していたことから、地域にかけがえのない恵みをもたらす沼だったと思われます（写真1）。先の調査報告書により阿寒湖のマリモは国の天然記念物に指定されましたが、美唄原野のバケモノ池はもうありません。近年になってその痕跡をわずかに残す荒れ地が見つかり、密かに宝沼湿原と呼ばれていましたが、2022年には農地に変わってしまいました。

湿原や湖沼は多くの生き物を育むだけでなく、産業と生活、教育と文化、レクリエーションなどの基盤となり、気候変動の緩和と適応をもたらすなど、私たちに多様なめぐみをもたらしてくれる貴重な自然環境です。そのかけがえのない価値は、湿原や湖沼の多くが失われた今日になって、特に見直されるようになっています。

写真1 消滅した宝沼湿原

LOVEコメント 子供が小学校の頃に初めて来ました。その子供たちが手を離れてから再び来るようになって、どっぷり沼にはまってしまった。／K.N.　月形町　60代

人の暮らしとの両立目指して

宮島沼周辺には、ゼンテイカやミズバショウが咲く防風林（写真2）、エゾサンショウウオの産卵場所がある河川敷、ミズゴケやモウセンゴケが残る湿原など、原野の原風景を残す場所がいくつかあります。しかし、それらは乾燥化や富栄養化などによって環境の劣化が進んでいて、埋め立てなどで消滅の危機にある場所もあります。宮島沼は水質が悪化して、年々浅くなり、水面も縮小しています。宮島沼周辺では、マガンによる小麦食害が大きな問題となっています。こうした課題に、私たちはどのように向き合えばいいのでしょうか？

湿原や湖沼が持っている価値は、環境が劣化することで失われてしまうことがあります。また、せっかく大きな価値を持っていても、人々に認知されていないこともあります。例えば、宮島沼の水環境が悪化することで、多くの生き物は姿を消し、水面はアオコに覆われて景観も悪化し、増水時に水を貯留する機能も低下しています。周辺の農地はマガンを支える重要な働きがありますが、その価値は認められず、食害が問題となっています。

奇跡的に残されている湿原や湖沼を地域の宝物として将来に受け継いでいくためには、湿原や湖沼に秘められた価値に気づき、場合によっては失われてしまった価値を取り戻しながら、人々の暮らしとのつながりをつくっていく必要があります。宮島沼の水環境を改善することで、かつての生物相や景観がよみがえり、観光や教育に役立てることができ、気候変動下で大きな

写真2 防風林の湿生植物の保全活動

リスクとなっている水害に備えることができます。マガンの採食地としての周辺農地の価値を広めることで、食害を防ぎながらマガンと共生する農業をブランド化し、地域に経済的なメリットを生み出すことも可能です。湿原や湖沼の保全再生と、人々の暮らしを両立させることができれば、自ずと自然と共生する地域社会が形成されていくでしょう。

そのためには地域住民や来訪者、行政、専門家、企業など多くの方たちの理解と協力が不可欠です。そこで美唄市では、宮島沼と周辺の課題を解決し、湖沼や湿原のめぐみを最大限に利活用していくための指針を「宮島沼の保全と再生に関するマスタープラン～みやぷら～」にまとめました。これからはより多くの人にみやぷらを知ってもらい、湿原と湖沼の保全再生と利活用を進める仲間として一緒に活動していければと考えています。

スゲの生育地を再生

かつて宮島沼周辺には富樫神社と大曲神社という二つの神社があり、開拓時代から地域の方々の拠《よ》り所となっていました。富樫神社は沼に囲まれ、水面に映る光景は他の地に見ることはできなかったそうです。両神社は、1961年に石狩川の築堤に伴って移転を余儀なくされ、合社して大富神社となりました。富樫神社の沼も、ほとんどが堤防によって埋められてしまいましたが、大富神社の鳥居のしめ縄は、長らくその付近に生えるスゲを使って作られていました。

湿地に生えるスゲの仲間はしめ縄だけでなく、スゲ笠や箕の材料として、アイヌの漁具や鮭皮の靴の中敷などとして、かつて人々の生活と密着した植物でした。かつては豊富にあったス

LOVEコメント もともと鳥が大好きで、写真をいっぱいとって、たのしいひとときをすごしました。これからもよろしくお願いします。／N.H.　岩見沢市　10代

ゲの群落は、ちょっとした環境の変化でヨシや低木林に置き換わってしまいます、大富神社のしめ縄も、担い手の減少に加え、スゲが自生しなくなったことから、いつからかプラスチック製のものに置き換わってしまいました。プラスチック製のしめ縄は、歳月とともに劣化して小さなプラスチック片を周囲にまき散らすなど、環境に対する負荷も少なからず与えています。

同様の理由で、各地の神社でもしめ縄のプラスチック化が進んでいます。茅葺《かやぶ》きの屋根やマコモを編んだアイヌのゴザなど、湿地の劣化と消失によって自然素材の入手が困難となって失われてゆく文化は数多くあります。そこで、数年前から石狩川流域の湿地関係者による「石狩川流域湿地・水辺・海岸ネットワーク」によってスゲの自生地の探索がはじまり、多くの参加者の協力のもとでスゲの大しめ縄を作ることができました。そのしめ縄を大富神社に奉納することができましたが、ゆくゆくはかつての富樫神社付近にスゲの生育地を再生し、地域住民とともに毎年のイベントとしてしめ縄を奉納したいと考えています(写真3、4)。

再生されたスゲの生育地はさまざまな生き物のすみかになるでしょう。オーストラリアで越冬するオオジシギも毎年繁殖してくれるかもしれません。また、しめ縄づくりを通じて新たな交流の場をつくりながら、地域の歴史と文化を将来に引き継ぐことができます。このように、健全な湿地を再生すること、そして地域や社会とのつながりを結び直すことが、湿地を守り育み、時代を超えて渡り鳥が旅を続けるために必要なことだと考えています。

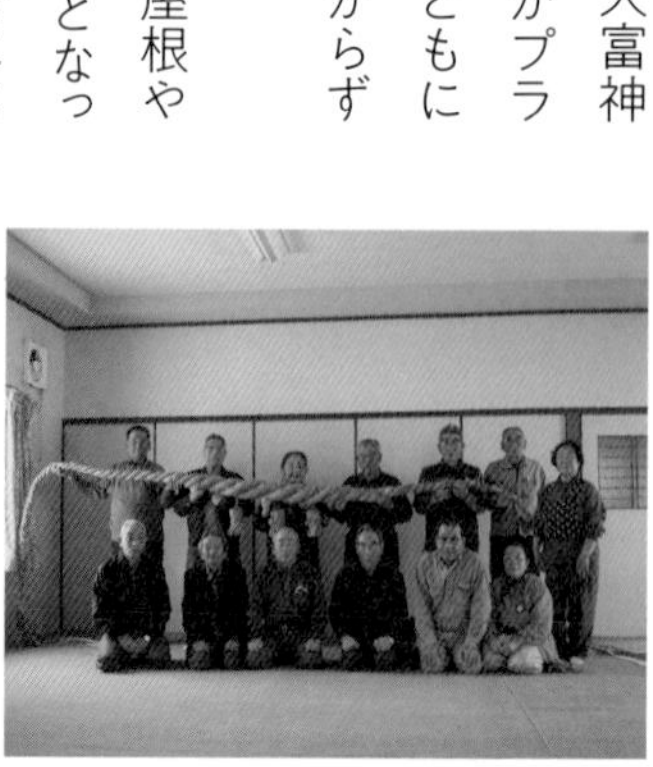
写真3 かつての大富神社しめ縄作り

写真4 大富神社のしめ縄

波打つ道路の謎とは?

かつての原野の痕跡は、よく見ると今でも地形や構造物に見ることができます。原野を作る泥炭は重量の９割が水分であるため、排水して農地にすることで数十cmから数メートルも地盤が沈下します。

宮島沼の東側に広がっていた原野では、その北側の縁に添って防風林が造成されていて、防風林の原野側の農地が低くなっていることが見て取れます。道路から農地にかかる橋が道路より一段高くなっていて、通行できなくなっています。橋脚には基礎が入れられていて沈下が抑えられていますが、周りが地盤沈下したことによってこうした状況が生まれました。

同様に、道路の下に水管が通っていると、その部分が盛り上がります。今では随分と補修が進みましたが、かつての原野を通る道路は波打ったように凹凸があり、地域の子どもたちの間では、盛り上がった部分には開拓時代に道路を作った囚人が人柱として埋められていると噂されていたようです。

農地は厚く客土（他から土を運び入れること）がされていますが、その下には泥炭があります。深く耕すと埋もれ木がごろごろ出てくることがありますが、それは数百年も前の木なのかもしれません。

（牛山）

LOVE コメント集

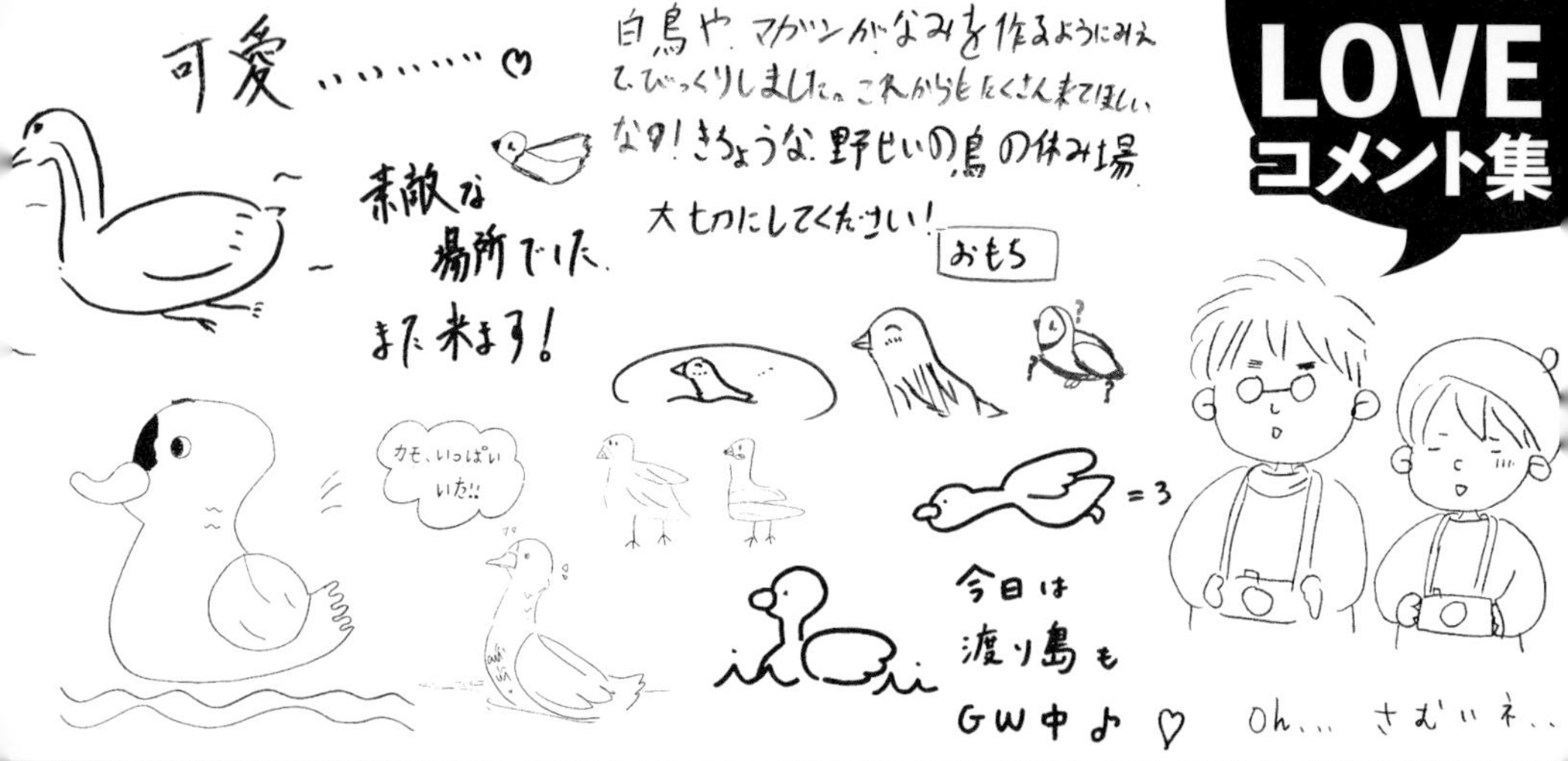

可愛……♡
素敵な場所でした。また来ます!
白鳥や、マガンがなみを作るようにみえてびっくりしました。これからもたくさん来てほしいなぁ!きちょうな野せいの鳥の休み場大切にしてください!
おもち
カモ、いっぱいいた!!
今日は渡り鳥もGW中♪♡
Oh… さむいネ…

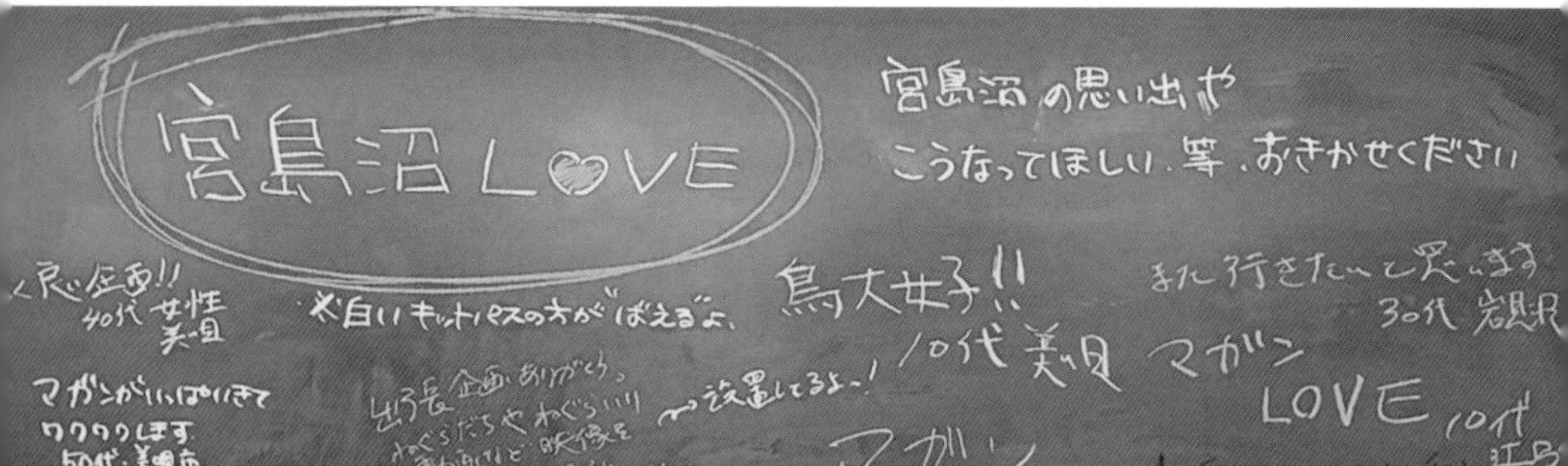

宮島沼LOVE
宮島沼の思い出やこうなってほしい、等、おきかせください
鳥大好き!!
また行きたいと思います 30代 岩見沢
10代美唄 マガン
LOVE 10代 江別
※白いキャットパスの方がはえるよ。
マガンがいっぱいきてワクワクします。50代 美唄市
マガン大好き
宮島沼で活動しています。
自然を守るも人間 壊すも人間の判断―
マガン♡
山本
大好き
マガンがんばって
マガン最高
大好き 30代 美唄
おなかすいた
マガンを数える会参加します 40代 美唄
マガン♡ リサ4さい

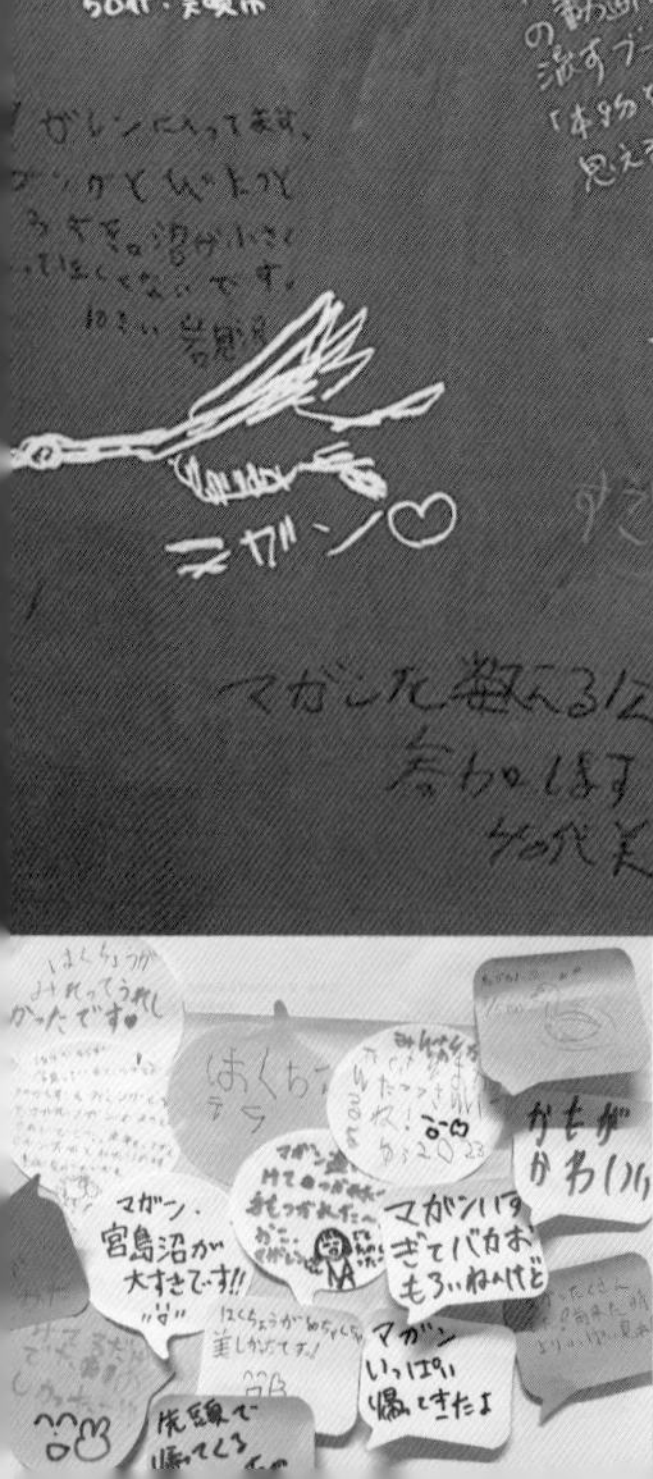

はくちょうがみれてうれしかったです
かもがかわいい
マガン、宮島沼が大すきです!!
マガンいっぱい帰ってきたよ

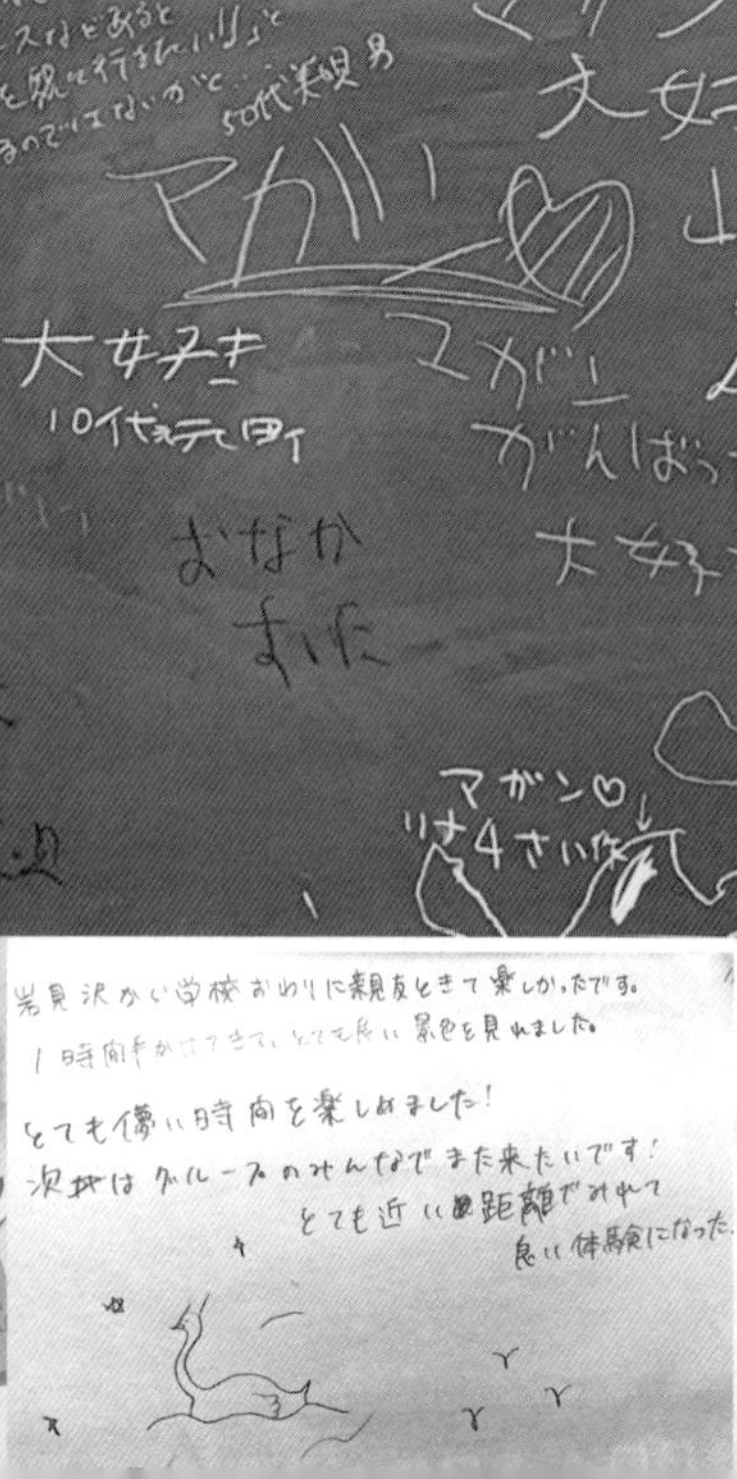

岩見沢から学校おわりに親友ときて楽しかったです。
1時間半かけてきて、とても良い景色を見れました。
とても優しい時間を楽しめました!
次はグループのみんなでまた来たいです!
とても近い距離でみれて良い体験になった。

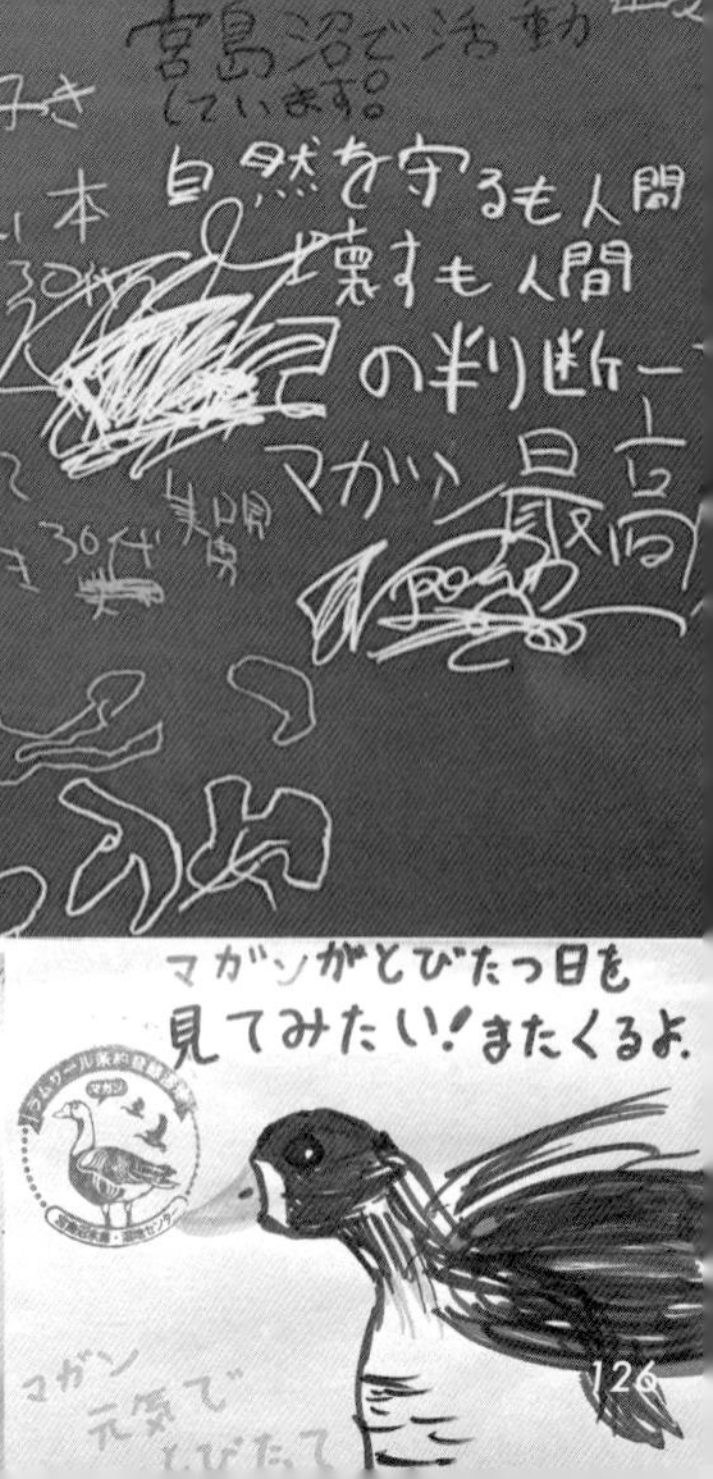

マガンがとびたつ日を見てみたい!またくるよ。
マガン元気でとびたって

おわりに

鈴木　玲（石狩川流域 湿地・水辺・海岸ネットワーク代表）

宮島沼にはイベントや打ち合わせでよく行くが、何といっても早朝のマガンの飛び立ちがたまらない魅力である。だが、あれだけのマガンがここに集中するのも、かつては豊かな湿地帯であった石狩川流域の湿原や沼の99・9%が開発によって消失してしまったせいでもあると聞けば、喜んでばかりもいられないのだなあと、なんとも悲しい気持ちに包まれる。

とはいえ、宝石のように輝く宮島沼と、その周辺にわずかに残る自然環境を、何とかして未来の子どもたちに遺していかねばならない。それは、地域の産業との折り合いや、湿地の乾燥化を目的としたインフラの影響などにより、簡単なことではない。実現のためには、周辺の自然の魅力を知ってもらうことや、人々との歴史をひもとくこと、そしてその関わりを再び編み直すことが大切であり、この本がその大きな助けとなることだろう。私たちも関わるしめ縄づくりは、自然に生えるスゲを皆で採って綯《な》うことで、人と湿地、そして人と人を紡ぎ直す未来に向けての営みともなり得る。

マガンの飛び立ち未体験という読者には、ぜひ体験してほしい。一斉に飛び立つ時のドドドドドドドオォ〜〜という音、そして空を埋め尽くす鳥たち、空気全体が振動し大地にまで響くようなどよめき、降り注ぐ無数の鳴き交わす声を、体全体で感じられる。生きものの圧倒的なエネルギーに、私たちの野性の心が打ち震え、遺伝子や魂に刻まれている何かを呼び起こす。体験後、再び開くこの本が放つ光を感じてくれたら、何よりうれしい。

美唄市

札幌市と旭川市の中間、石狩平野のほぼ中央に位置する。地名の由来は「ピパ・オ・イ（沼の貝の多いところ）」。大正時代から1970年代まで石炭のまちとして栄える。2019年には、三菱美唄炭鉱竪坑櫓、旧栄小学校などが、産業遺産「炭鉄港」の構成要素として日本遺産に認定。安田侃氏の野外彫刻美術館「アルテピアッツァ美唄」は22年度地域創造大賞（総務大臣賞）を受賞した。年平均気温8.7℃（2023年）、人口約2万人。市の鳥はマガン。

宮島沼水鳥・湿地センター

宮島沼やその周辺環境の保護・保全や、自然や歴史に関する情報提供を行うほか、自然観察会、自然体験学習、食育学習などの体験型プログラムを定期的に行っている。2007年開館。

編集
牛山克巳（宮島沼水鳥・湿地センター）
仮屋志郎（北海道新聞出版センター）

デザイン・DTP
中島みなみ（北海道新聞出版センター）

写真提供（カバー、P2-5）
北海道新聞社

協力
美唄市

あなたに夢を。街に元気を。
宝くじ
クーちゃん

本書は、公益財団法人北海道市町村振興協会（サマージャンボ宝くじの収益金）の助成を活用して作成しています。

宮島沼LOVE！ ラムサール登録20年を越えて

2024年7月31日　初版第1刷発行

編著者　　宮島沼水鳥・湿地センター
発行者　　惣田　浩
発行所　　北海道新聞社
　　　　　〒060-8711 札幌市中央区大通西3丁目6
　　　　　出版センター　　（編集）☎ 011-210-5742
　　　　　　　　　　　　　（営業）☎ 011-210-5744
印　刷　　札幌大同印刷

ISBN978-4-86721-136-6